计算机"十二五"规划教材

中文版 AutoCAD 2011 建筑制图案例教程

主　编　夏志新　沙新美　彭　飞

航空工业出版社

北京

内 容 提 要

　　AutoCAD是当前最流行的计算机辅助绘图软件，本书采用项目教学方式，通过大量案例全面介绍了 AutoCAD 2011的功能和在绘制建筑图形方面的应用。全书共分8个项目，内容涵盖AutoCAD 2011的基本操作，绘制与编辑图形，添加文字注释与应用表格，标注尺寸，创建与应用块，绘制建筑施工图和结构施工图等。

　　本书可作为高等院校，中等和高等职业技术院校，以及各类计算机教育培训机构的专用教材，也可供广大初、中级电脑爱好者自学使用。

图书在版编目（C I P）数据

　　中文版AutoCAD 2011建筑制图案例教程 / 夏志新，
沙新美，彭飞主编. -- 北京 ：航空工业出版社，2012.7
　　ISBN 978-7-80243-966-5

　　Ⅰ.①中… Ⅱ.①夏… ②沙… ③彭… Ⅲ.①建筑制
图－计算机辅助设计－AutoCAD软件－教材 Ⅳ.
①TU204

　　中国版本图书馆CIP数据核字(2012)第084655号

中文版 AutoCAD 2011 建筑制图案例教程
Zhongwenban AutoCAD 2011 Jianzhuzhitu Anli Jiaocheng

航空工业出版社出版发行
（北京市安定门外小关东里14号　100029）
发行部电话：010-64815615　　010-64978486

北京市科星印刷有限责任公司印刷　　　　全国各地新华书店经售

2012年7月第1版　　　　　　　　　　　2012年7月第1次印刷

开本：787×1092　　1/16　　印张：14.75　　字数：359千字

印数：1—5000　　　　　　　　　　　定价：35.00元

随着社会的发展，传统的教学模式已难以满足就业的需要。一方面，大量的毕业生无法找到满意的工作，另一方面，用人单位却在感叹无法招到符合职位要求的人才。因此，从传统的偏重知识的传授转向注重学生就业能力的培养，并让学生有兴趣学习，轻松学习，已成为大多数高等院校及中、高等职业技术院校的共识。

教育改革首先是教材的改革，为此，我们走访了众多高等院校及中、高等职业技术院校，与许多教师探讨当前教育面临的问题和机遇，然后聘请具有丰富教学经验的一线教师编写了这套以任务为驱动的"案例教程"丛书。

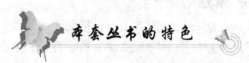

（1）满足教学需要。使用最新的以任务为驱动的项目教学方式，将每个项目分解为多个任务，每个任务均包含"预备知识"和"任务实施"两个部分。

➤ **预备知识**：讲解软件的基本知识与核心功能，并根据功能的难易程度采用不同的讲解方式。例如，对于一些较难理解或掌握的功能，用小例子的方式进行讲解，从而方便教师上课时演示；对于一些简单的功能，则只简单讲解。

➤ **任务实施**：通过一个或多个案例，让学生练习并能在实践中应用软件的相关功能。学生可根据书中讲解，自己动手完成相关案例。

（2）满足就业需要。在每个任务中都精心挑选与实际应用紧密相关的知识点和案例，从而让学生在完成某个任务后，能马上在实践中应用从中学到的技能。

（3）增强学生的学习兴趣，让学生能轻松学习。严格控制各任务的难易程度和篇幅，尽量让教师在 20 分钟之内将任务中的"预备知识"讲完，然后让学生自己动手完成相关案例，从而提高学生的学习兴趣，让学生轻松掌握相关技能。

（4）提供素材、课件和视频。各书都配有适应教学要求的课件、视频和素材。

（5）体例丰富。各项目都安排有学习目标、项目总结、项目实训、项目考核等内容，从而让读者在学习项目前做到心中有数，学完项目后还能对所学知识和技能进行总结和考核。

本套丛书可作为高等院校，中等和高等职业技术院校，以及各类计算机教育培训机构的专用教材，也可供广大初、中级电脑爱好者自学使用。

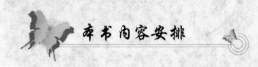 **本书内容安排**

- ➢ **项目一**：学习 AutoCAD 2011 的入门知识。例如，熟悉 AutoCAD 2011 的工作界面；掌握视图和对象基本操作；掌握用于精确绘图和管理图形元素的各种辅助功能，如坐标、捕捉、极轴追踪、对象捕捉、对象捕捉追踪和图层等。
- ➢ **项目二**：学习使用 AutoCAD 绘制点、直线、圆、圆环、圆弧、矩形、正多边形和椭圆等基本图形元素的方法。
- ➢ **项目三**：学习使用 AutoCAD 绘制多线、多段线、样条曲线，以及为图形填充图案和创建域等方法。
- ➢ **项目四**：学习移动、旋转、修剪、复制、偏移、镜像、阵列、圆角、倒角、拉伸、拉长、延伸、缩放等编辑图形的方法。
- ➢ **项目五**：学习普通块、带属性的块和动态块的创建与使用方法。
- ➢ **项目六**：学习为图形添加文字注释、表格及标注图形尺寸的方法，包括创建和修改文字样式、表格样式、标注样式，使用标注命令标注图形的长度、半径、直径和角度……，以及使用多重引线为图形标注轴线和引线等。
- ➢ **项目七**：学习在 AutoCAD 中绘制建筑平面图、立面图和剖面图等的方法。
- ➢ **项目八**：学习在 AutoCAD 中绘制基础平面图、楼层结构平面图和钢筋混凝土构件详图等的方法。

 **本书附赠光盘内容**

本书附赠的光盘提供了精彩的教学课件和视频，还提供了全书所有实例的素材文件，从而方便教师教学和学生练习。

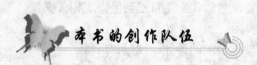 **本书的创作队伍**

本书由北京金企鹅文化发展中心策划，由夏志新、沙新美和彭飞任主编。由王育桥、魏福生、潘金秋和卢宝伟任副主编。尽管我们在写作本书时已竭尽全力，但书中仍会存在这样或那样的问题，欢迎读者批评指正。另外，如果读者在学习中有什么疑问，可登录我们的网站（http://www.bjjqe.com）去寻求帮助，我们将会及时解答。

编　者

2012 年 7 月

目录

项目一　AutoCAD 2011 入门

俗话说，识人先识面，学习软件也同样如此。下面我们先熟悉 AutoCAD 2011 的"面孔"，然后学习 AutoCAD 的一些入门知识和基本操作，以及精确绘图和管理图形元素的一些技巧。此外，本项目最后一个任务实施精心演绎了从使用 AutoCAD 绘图到将图形按照所需比例打印输出的整个过程。通过本项目的学习，将使你对使用 AutoCAD 绘图不再陌生……

项目二　绘制平面图形（上）

在 AutoCAD 中，再复杂的图形都是由直线、圆、圆环、多边形和椭圆等基本图形元素组成的。可见，掌握基本图形元素的绘制方法是使用 AutoCAD 画图的重要环节。下面我们就来学习 AutoCAD 提供的各种绘图命令的使用方法和技巧……

项目三　绘制平面图形（下）

为了简化绘图步骤，AutoCAD 还为我们提供了一些如多线、多段线和面域等绘图命令，灵活运用这些命令可以快速提高绘图效率。此外，使用 AutoCAD 还可以绘制样条曲线，为剖面图添加填充图案，对面域进行并集、差集和交集等运算……

项目四　编辑图形

使用基本的绘图命令只能绘制一些简单图形。为了获得所需图形，我们通常需要对图形进行编辑加工。AutoCAD 的一大特色便是它简单而高效的编辑功能。下面，我们就来学习如何使用 AutoCAD 的移动、旋转、复制、偏移、镜像、阵列、拉长、延伸、修剪、缩放、圆角及倒角等命令编辑图形，从而快速绘制出各种复杂图形……

项目五　创建和使用块

在绘制建筑图形时，有许多图形是需要经常使用的，如门、柱子，以及洗脸池、浴缸和洗衣机等家用电器。为了减少重复工作，在 AutoCAD 中，我们可以将这类图形定义为块并重复使用……

项目六　文字注释、表格与尺寸标注

一幅完整的建筑平面图中除了包含必要的图形外，还应有尺寸标注，以及重要的文字说明和表格说明等，表达这些信息的主要手段就是文字注释、表格和尺寸标注……

项目七　绘制建筑施工图

无论多么复杂的建筑施工图，都可以在 AutoCAD 中完整地画出。或许您会问，那么复杂的图形，有没有快捷的绘图方法？答案是肯定的。只要您按照绘制建筑施工图的正确思路和步骤进行操作，就能轻松画出所需图形……

项目八　绘制结构施工图

与绘制建筑施工图相比，在 AutoCAD 中绘制结构施工图比较简单。但无论绘制哪类图形，都必须按照正确的绘图思路进行，切记不能想到哪画到哪……

项目一　AutoCAD 2011 入门

项目导读

　　AutoCAD 是当前最流行的计算机辅助绘图软件，它不仅功能强大，而且操作简便快捷。在具体学习使用 AutoCAD 绘图之前，我们有必要先熟悉一下 AutoCAD 的操作界面及一些基本操作，如新建、打开及保存图形文件，设置工作环境，选择图形对象，使用辅助绘图工具绘制图形，以及新建和设置图层等，从而为全面掌握 AutoCAD 打下坚实的基础。此外，本项目最后一个任务实施精心演绎了从使用 AutoCAD 绘图到将图形按照所需比例打印输出的整个过程，希望读者能够认真学习。

学习目标

- 　熟悉 AutoCAD 2011 的操作界面，掌握新建图形文件的方法。
- 　能够根据绘图需要缩放和平移视图，以及选择图形对象。
- 　能够灵活运用坐标、动态输入，以及辅助工具精确绘图。
- 　能够根据绘图需要创建合理的图层，并对所创建的图层进行修改和删除等操作。
- 　了解使用 AutoCAD 绘制平面图形的一般流程。

任务一　初识 AutoCAD 2011

任务说明

　　在本任务中，我们将学习 AutoCAD 2011 的操作界面，掌握新建图形文件及设置工作环境的操作方法。

预备知识

一、熟悉 AutoCAD 2011 的操作界面

安装好 AutoCAD 后，双击桌面上的"AutoCAD 2011-Simplified Chinese"图标，或选

择"开始">"所有程序">"Autodesk">"AutoCAD 2011-Simplified Chinese">"AutoCAD 2011"菜单，即可启动 AutoCAD 2011 程序。

默认情况下，该软件的操作界面如图 1-1 所示，它主要由"应用程序"按钮、快速访问工具栏、标题栏、功能区、绘图区、ViewCube 工具、导航栏、命令行和状态栏等几部分组成。

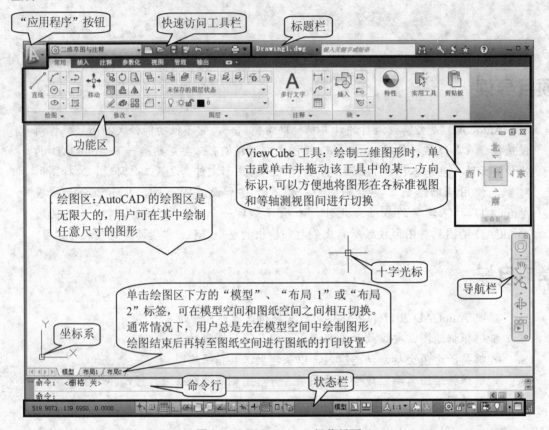

图 1-1　AutoCAD 2011 操作界面

➢ **功能区**：在 AutoCAD 2011 中，大部分命令以按钮的形式分类显示在功能区的不同选项卡的不同面板中。例如，"直线"命令显示在"常用"选项卡的"绘图"面板中，"移动"命令显示在"常用"选项卡的"修改"面板中，如图 1-2 所示。单击某个选项卡标签，可切换到该选项卡。

➢ **绘图区**：绘图区是用户绘图的工作区域，类似于手工绘图时的图纸。绘图区除了显示图形外，通常还会显示坐标系和十字光标等。

➢ **命令行**：命令行用于输入各种命令的名称及参数，并显示各命令的具体操作过程和信息提示。例如，在命令行中输入"line"并按【Enter】键，此时命令行将提示指定直线的第一点，如图 1-3 所示。通过按快捷键【Ctrl+9】可以控制是否显示命令行。

单击此按钮,在弹出的下拉列表中选择"显示菜单栏"选项,可显示传统的经典菜单栏

依次单击该三角按钮可收缩和展开功能区

选项卡

命令按钮

面板

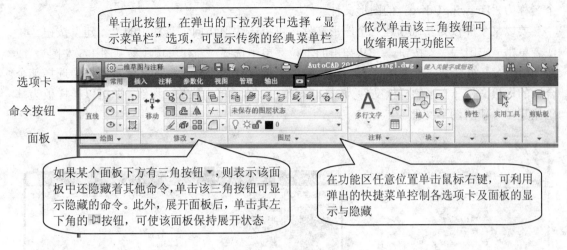

如果某个面板下方有三角按钮▼,则表示该面板中还隐藏着其他命令,单击该三角按钮可显示隐藏的命令。此外,展开面板后,单击其左下角的按钮,可使该面板保持展开状态

在功能区任意位置单击鼠标右键,可利用弹出的快捷菜单控制各选项卡及面板的显示与隐藏

图 1-2　功能区

图 1-3　命令行

在 AutoCAD 中,无论是输入命令的名称、参数或相关选项后,都必须按空格键或【Enter】键进行确认。否则,所输入的命令或参数将无效。但是,通过单击工具按钮或选择菜单来执行命令,则无需再按空格键或【Enter】键。

➤ **状态栏**:状态栏位于 AutoCAD 操作界面的最下方,主要用于显示当前十字光标的坐标值,以及控制用于精确绘图的推断约束、捕捉、栅格、正交、极轴、对象捕捉、对象追踪等功能的打开与关闭。此外,利用状态栏还可以控制图形的线宽是否显示、面板和工具栏是否固定,以及切换工作空间等操作,如图 1-4 所示。

光标当前位置　　用于精确绘图的功能开关　　显示/隐藏线宽　　快速查看布局或图形　　显示注释的可见性　　工具栏/窗口位置锁定　　隐藏或隔离图形对象

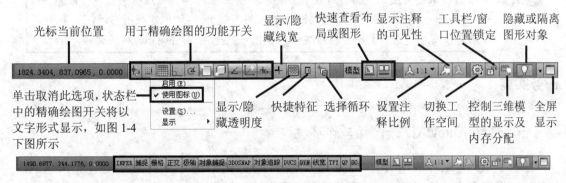

单击取消此选项,状态栏中的精确绘图开关将以文字形式显示,如图 1-4 下图所示

启用(E)
✓ 使用图标(U)
设置(S)…
显示　　▶

显示/隐藏透明度　　快捷特征　　选择循环　　设置注释比例　　切换工作空间　　控制三维模型的显示及内存分配　　全屏显示

图 1-4　状态栏

二、新建图形文件

要绘制图形,首先必须新建一个图形文件。启动 AutoCAD 2011 后,系统会自动创建一

个名称为"Drawing1.dwg"的图形文件。

要以某个样板为基础新建一个图形文件，可单击快速访问工具栏中的"新建"按钮 ，或者单击"应用程序"按钮 ，从弹出的下拉菜单中选择"新建"项（参见图 1-5 左图），或按【Ctrl+N】组合键，打开图 1-5 右图所示的"选择样板"对话框。在该对话框中选择某个合适的样板文件（常用的样板文件为 acadiso.dwt），然后单击 [打开(0)] 按钮，即可以该样板为基础创建一个新的图形文件。

图 1-5　新建图形文件并选择图形样板

> 图形样板（.dwt）中主要定义了图形的输出布局、图纸边框和标题栏，以及单位、图层、尺寸标注样式和线型设置等，读者可根据要绘制图形的特点选择合适的样板文件。
>
> acadiso.dwt 是 AutoCAD 默认的标准样板文件，该样板文件只定义了一个 0 图层，未定义图纸规格、边框和标题栏，并且图形单位被设置为公制（acad.dwt 与 acadiso.dwt 的区别是后者的图形单位为英制）。在绘制建筑图形时，如果用户事先没有创建符合需要的样板文件，我们一般选用 acadiso.dwt 样板文件。

任务实施

一、启动 AutoCAD 并设置工作环境

了解了 AutoCAD 2011 的操作界面及图形文件的基本操作后，下面我们来启动 AutoCAD 2011，并根据个人的绘图习惯，设置便于自己操作的工作环境。

步骤 1 启动 AutoCAD 2011 后，系统将在"二维草图与注释"工作空间中自动创建一个 "Drawing1.dwg" 文件，如图 1-6 所示。

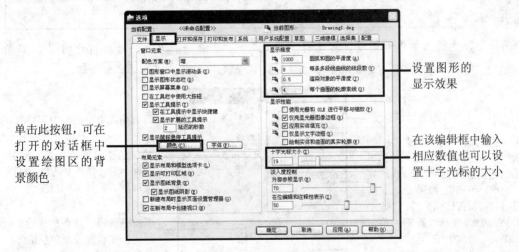

图 1-6　二维草图绘图界面

　　工作空间是由系统或用户定义的，用于完成某项任务的工作环境。不同的工作空间将显示不同的绘图按钮。为了能够快捷地选择所需命令进行绘图，绘图前，应根据所绘图形的特点选择合适的工作空间。

　　在 AutoCAD 2011 中，系统默认定义了四个工作空间，分别是二维草图与注释（用于绘制二维图形）、三维基础（用于三维实体建模）、三维建模（用于三维实体、曲面及网格建模）和 AutoCAD 经典（AutoCAD 传统的工作环境）。要切换、保存或设置工作空间，可单击快速访问工具栏中的"工作空间"下拉列表框（参见图 1-6）或状态栏中的"切换工作空间"图标 ⚙，然后从弹出的下拉列表中选择所需选项。

步骤 2　单击快速访问工具栏右侧的 ▾ 按钮，然后在弹出的下拉列表中选择"显示菜单栏"选项，可显示传统的经典菜单栏。要设置 AutoCAD 的工作环境，可在经典菜单栏中选择"工具" > "选项"菜单，或者在命令行或绘图区中右击，从弹出的快捷菜单中选择"选项"，打开"选项"对话框，如图 1-7 所示。

单击此按钮，可在打开的对话框中设置绘图区的背景颜色

设置图形的显示效果

在该编辑框中输入相应数值也可以设置十字光标的大小

图 1-7　"选项"对话框

步骤 3　要设置绘图区的背景颜色，可单击"选项"对话框中"显示"选项卡中的 [颜色(C)...] 按钮，打开"图形窗口颜色"对话框，如图 1-8 所示。在"上下文"列表框中选择"二维模型空间"选项，在"界面元素"列表框中选择"统一背景"，在"颜色"下拉列表框中选择需要的背景颜色，如"白"选项，然后单击 [应用并关闭(A)] 按钮即可。

步骤 4　要设置文件自动保存的时间间隔和默认保存类型，可单击"打开和保存"选项卡，

然后在"文件保存"设置区的"另存为"列表框中单击,在展开的下拉列表中选择文件的保存类型,如"AutoCAD 2004/LT2004 图形(*.dwg)",并在"文件安全措施"设置区中设置文件自动保存的时间间隔,如图 1-9 所示。最后单击 确定 按钮,关闭对话框。

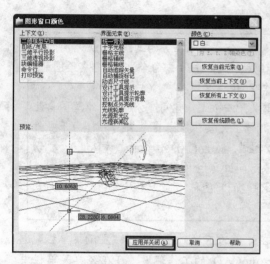

图 1-8 设置绘图区背景颜色

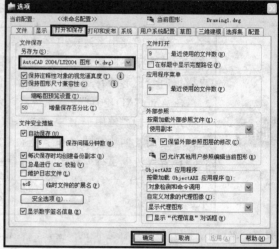

图 1-9 设置文件的保存类型及时间间隔

为了使图形文件能够在不同版本的 AutoCAD 软件中顺利打开,建议大家将文件的保存类型设置为较低版本的(*.dwg)文件。

步骤 5 要设置绘图单位和精度,可选择"格式" > "单位"菜单,然后在打开的图 1-10 所示的"图形单位"对话框中进行设置。设置完毕后,单击 确定 按钮。

设置长度单位的类型和精度

用于控制插入到当前文件中的图形的单位。如果要插入的图形在创建时使用的单位与该选项中的单位不相同,则在插入该图形时将其按比例缩放。例如,要插入的图形是以厘米为单位绘制的,而此处的单位为毫米,则插入到当前图形中的对象将放大 10 倍

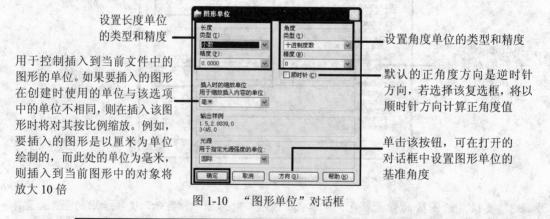

设置角度单位的类型和精度

默认的正角度方向是逆时针方向,若选择该复选框,将以顺时针方向计算正角度值

单击该按钮,可在打开的对话框中设置图形单位的基准角度

图 1-10 "图形单位"对话框

使用 AutoCAD 绘图时采用的单位被称为图形单位。图形单位的设置仅对当前文件有效,而重新设置绘图区的背景颜色、文件保存的时间间隔和类型后,则对该空间中的所有图形文件均有效。

二、选择图形对象与调整视图

在 AutoCAD 中编辑图形时，经常需要选择单个或多个图形元素，必要时还需要对视图进行放大、缩小和平移等操作。下面，我们通过调整电视柜立体图，来学习这些操作。

步骤 1 启动 AutoCAD 2011，单击快速访问工具栏中的"打开"按钮，或按【Ctrl+O】组合键，在弹出的"选择文件"对话框中选择本书配套光盘中的"素材" > "ch01" > "1-1-r1.dwg"文件，如图 1-11 所示，单击 打开⦿ 按钮打开该文件。

步骤 2 要动态地将视图放大或缩小显示，可将光标移到图形上（不要单击），然后滚动鼠标滚轮；或在"视图"选项卡的"导航"面板中单击"范围"按钮 范围 后的三角符号，在弹出的按钮列表中选择"实时"选项，如图 1-12 所示。

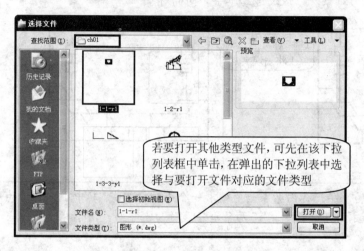

图 1-11　"选择文件"对话框　　　　图 1-12　"导航"面板

步骤 3 此时，光标将变成 形状，如图 1-13 左图所示。此时按住鼠标左键并向上拖动光标可放大视图，沿相反方向拖动光标则缩小视图，如图 1-13 右图所示。按【Esc】或【Enter】键，可退出实时缩放状态。

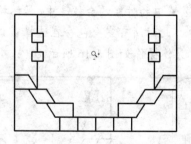
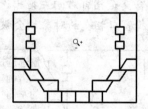

图 1-13　实时缩放视图

步骤 4 若要将视图进行平移，可按住鼠标滚轮并移动光标，或在"视图"选项卡"导航"面板中单击"平移"按钮，此时光标将变成 形状，按住鼠标左键并拖动光标可以平移视图。

目前大家使用的大都是"双键+滚轮"鼠标，它在 AutoCAD 中的用法如下：

① **鼠标左键**：一般作为拾取键，主要用来选择菜单、工具按钮、目标对象，以及在绘图过程中指定某些特殊点的位置等。

② **鼠标右键**：在 AutoCAD 窗口的大部分区域中单击鼠标右键，都会弹出快捷菜单。但是在对图形对象进行编辑修改时，如果命令行提示选择对象，此时单击鼠标左键可选择对象，单击鼠标右键可结束对象选择。

③ **鼠标滚轮**：直接滚动鼠标滚轮，可放大或缩小图形；如果按住滚轮并移动鼠标，则可平移图形。

步骤 5 要选择单个图形对象，可将光标移至要选择的对象上，然后单击鼠标左键，如图 1-14 所示；要选择多个图形对象，可依次连续单击不同的对象。

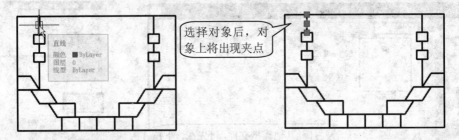

图 1-14　通过单击选择对象

　　AutoCAD 的十字光标由两条垂直线和一个小方框组成。其中小方框称为拾取框，用于选择或拾取对象，而两条垂直线称为十字线，用于指示鼠标当前的操作位置。

　　在 AutoCAD 中，所有被选中的对象将形成一个选择集。要从该选择集中取消某个对象，可在按住【Shift】键的同时单击需要取消的对象。要取消所选择的全部对象，可直接按【Esc】键。

步骤 6 如果希望一次性选择一组邻近的多个对象，可使用窗选或窗交法。窗选是指自左向右拖出选择窗口，此时完全包含在选择区域中的对象均会被选中，具体操作如图 1-15 所示；窗交是指自右向左拖出选择窗口，此时所有完全包含在选择窗口中，以及所有与选择窗口相交的对象均会被选中，具体操作如图 1-16 所示。

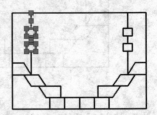

图 1-15　利用窗选方法选择对象

图 1-16　利用窗交方法选择对象

步骤 7　单击快速访问工具栏中的"保存"按钮▣，或直接按【Ctrl+S】快捷键保存文件，最后单击功能区右上方的▣按钮关闭文件。

任务二　使用坐标与动态输入

任务说明

在 AutoCAD 中，利用坐标可轻松定位点；利用动态输入可查看命令的提示信息、光标当前所在位置的坐标、尺寸标注、长度和角度变化等内容。

预备知识

一、使用坐标

坐标定位法是大家在几何作图中经常使用的精确定点法。在 AutoCAD 中绘制平面图时，通常使用系统默认的世界坐标系（WCS），它包括 X 轴、Y 轴和 Z 轴，其原点位于三个坐标轴的交点处，如图 1-17 所示。

图 1-17　世界坐标系

提示　在"二维草图与注释"空间中，世界坐标系仅显示 X 轴和 Y 轴；在三维视图中，还有一个 Z 轴。

在 AutoCAD 中，点的坐标可以用绝对直角坐标、绝对极坐标、相对直角坐标和相对极坐标表示，在输入点的坐标值时要注意以下几点：

> **绝对直角坐标**：是从（0，0）点出发的位移，可以使用分数、小数等形式表示点的 X、Y、Z 坐标值，坐标值间用逗号隔开，如（8.0，6.7）、（11.5，5.0，9.4）等。

> **绝对极坐标**：是从（0，0）点出发的位移，输入时需指出该点距（0，0）点的距离以及这两点的连线与 X 轴正方向的夹角。其中，距离和角度用"＜"分开，且规定 X 轴正向为 0°，Y 轴正向为 90°，如 15＜65、8＜30 都是合法的绝对极坐标。

> **相对坐标**：是指相对于前一点的位移，它的表示方法是在绝对坐标表达式前加"@"符号，如@4，7（相对直角坐标）和@16＜30（相对极坐标）。其中，相对极坐标中的角度是新点和上一点的连线与 X 轴正方向的夹角。

二、使用 DYN（动态输入）

单击状态栏中的"动态输入"开关按钮 ᴰʸᴺ 或按快捷键【F12】，可打开或关闭动态输入。启用动态输入后，在绘图和编辑图形时，将在光标附近显示关于该命令的提示信息、光标当前所在位置的坐标、尺寸标注、长度和角度变化等内容，如图 1-18 所示。

例如，当我们执行"直线"命令后，光标附近将显示"指定第一点"提示信息和光标当前所在位置的坐标，如图 1-18 左图所示。指定第一点后继续移动光标，则光标附近将显示光标所在位置的尺寸标注，如图 1-18 中图所示。此外，在编辑图形时，当光标位于极轴追踪线上时，还将显示光标所在位置的相对极坐标，如图 1-18 右图所示。

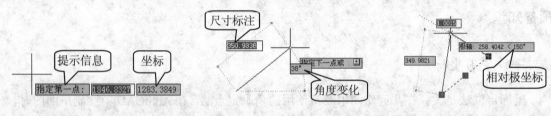

图 1-18　动态输入效果

打开动态输入后，在绘制和编辑几何图形时，我们还可以根据绘图需要直接在动态提示框中输入相关参数。

任务实施——使用动态输入画线

接下来，我们将通过绘制图 1-19 所示图形，来进一步学习使用动态输入绘图的具体操作方法。

步骤 1　启动 AutoCAD 2011，关闭状态栏中的 ▦ 开关，然后单击 ᴰʸᴺ 开关，使其处于打开状态。在"常用"选项卡的"绘图"面板中单击"直线"按钮／，然后直接输入（不要在命令行中输入）坐标值"20，50"（绝对直角坐标）并按【Enter】键，确定直线的起点，接着输入"56＜15"（相对极坐标）并按【Enter】键，确定直线的另一端点，如图 1-20 左图所示。

效果: ch01\1-2-r1.dwg
视频: ch01\1-2-r1.exe

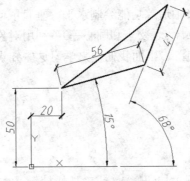

图 1-19 绘制图形

> 指定坐标时输入的 ","（或 "<"）决定了坐标的类型为直角坐标（或极轴坐标）。要注意的是，默认情况下，动态输入的坐标为 "相对坐标"，因此，虽然未输入 "@" 符号，但是输入的坐标值依然为相对坐标。

步骤 2 输入 "41<68"（相对极坐标）并按【Enter】键，确定另一直线的端点，如图 1-20 中图所示，接着移动光标，如图 1-20 右图所示。

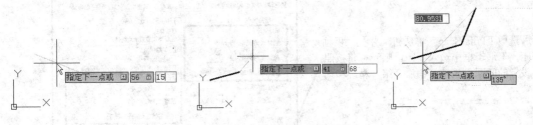

图 1-20 使用动态输入画线

步骤 3 此时，根据命令行提示输入 "c" 并按【Enter】键，闭合图形。
步骤 4 在命令行中输入 "z"（"zoom" 命令的缩写形式）并按【Enter】键，执行 "zoom" 命令，然后根据命令行提示输入 "e" 并按【Enter】键，最大化显示图形。

> 要执行 AutoCAD 命令，可按这几种方法进行操作：① 单击功能区中的工具按钮；② 选择经典菜单栏或快捷菜单中的菜单项；③ 在命令行中直接输入命令的英文全名或其缩写。另外，无论使用哪种方式来执行命令，用户都应密切关注命令行中的提示信息，从而确定下面该执行什么操作。

任务三 使用辅助工具精确绘图

任务说明

在使用 AutoCAD 绘图时，可以利用捕捉功能控制光标的移动距离；利用栅格快速查询对象之间的距离；利用正交和极轴追踪功能绘制水平、垂直或倾斜直线；利用对象捕捉精确地捕捉对象的特征点（如中点、端点、交点和圆心等）；利用对象捕捉追踪功能使光标沿指定元素的特征点进行正交和极轴追踪。下面我们便来学习这些知识。

预备知识

一、捕捉与栅格

单击状态栏中的"栅格"开关按钮 栅格 （或者按快捷键【F7】），可在绘图区中显示或关闭栅格，如图 1-21 所示，使用它可以直观地查看对象之间的距离。

单击状态栏中的 捕捉 开关按钮（或者按快捷键【F9】），可打开或关闭"捕捉"模式。打开"捕捉"模式后，光标只能按照系统默认或用户定义的间距移动。

默认情况下，光标沿 X 轴和 Y 轴方向上的捕捉间距均为 10。若要重新设置捕捉间距和栅格间距等，可在状态栏中的 栅格 或 捕捉 开关按钮上右击，然后在弹出的列表中选择"设置"选项，打开图 1-22 所示的"草图设置"对话框的"捕捉和栅格"选项卡进行设置。

若选中"PolarSnap"单选钮，并在"极轴距离"编辑框中输入间距，则光标将按照设置的间距沿极轴（稍后介绍）精确移动

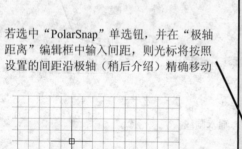

图 1-21 显示的栅格

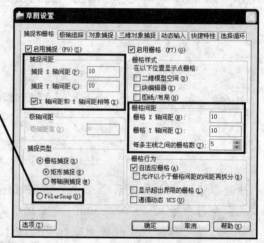

图 1-22 "草图设置"对话框

二、正交与极轴追踪

正交与极轴是 AutoCAD 的另外两项重要功能，主要用于控制画图时光标移动的方向。其中，利用正交可以控制画图时光标只能沿水平或垂直（分别平行于当前坐标系的 X 轴与 Y 轴）方向移动；利用极轴可控制光标沿由极轴角定义的极轴方向移动，常用来绘制指定角度的倾斜直线。

单击状态栏中的 正交 与 极轴 开关按钮可分别打开或关闭正交和极轴追踪模式，其对应的快捷键分别为【F8】和【F10】。由于正交模式比较简单，因此下面重点讲解极轴追踪模式。

打开极轴追踪模式后，在绘制直线或执行其他操作时，如果光标位于极轴上，此时系统会显示出极轴距离与角度，如图 1-23 所示。此处的极轴是由图 1-24 所示的"草图设置"对

话框的"极轴追踪"选项卡中的"增量角"文本框中的参数决定的。

默认情况下，极轴增量角为 90，因此，画直线或执行其他操作时可沿 0°、90°、180° 和 270° 方向追踪。由于极轴追踪是按事先指定的增量角来进行追踪的，因此改变极轴增量角，极轴也会随之改变。例如，将极轴增量角设置为 30，则极轴分别为 0°、30°、60°、90°、120° 等（30 的倍数）

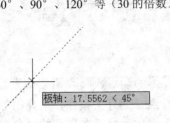

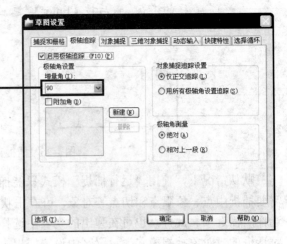

图 1-23　极轴追踪效果　　　　　　　　　图 1-24　设置极轴增量角

 提示　　需要注意的是："正交"开关按钮与"极轴"开关按钮是互斥的，即打开其中一个开关时，另一个开关将自动关闭。当然，也可同时关闭两者。

三、对象捕捉

在绘图时，如果希望将十字光标定位在现有图形的一些特殊点上，如圆的圆心，直线的端点等处，可以利用对象捕捉功能来实现。在 AutoCAD 中，对象捕捉模式有"运行捕捉"与"覆盖捕捉"两种，下面分别进行介绍。

1．"运行捕捉"模式

只要打开状态栏中的"对象捕捉"开关 对象捕捉 ，则"运行捕捉"模式开启。此时，所有启用的捕捉模式有效。例如，要用直线连接图 1-25 左图中的两端点，其具体的操作步骤如下。

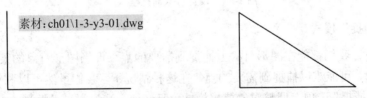

素材:ch01\1-3-y3-01.dwg

图 1-25　使用对象捕捉功能绘制图形

步骤 1　如果状态栏中的"对象捕捉"开关 对象捕捉 呈灰色显示状态，表示运行捕捉模式还没开启，此时可单击该开关按钮将其开启（开启后开关按钮将呈浅蓝色显示状态，再次单击可关闭运行捕捉模式）。

步骤 2　在"常用"选项卡的"绘图"面板中单击"直线"按钮／，然后将光标移动到图形的左端点处，待出现"端点"提示时（表示已捕捉到该点，参见图 1-26 左图）单击鼠标左键，确定直线的起点。

步骤 3 接着向右下方移动光标，待出现"端点"提示时（参见图 1-26 右图）单击鼠标左键，确定直线的终点。最后按【Enter】键，结束"直线"命令，结果如图 1-25 右图所示。

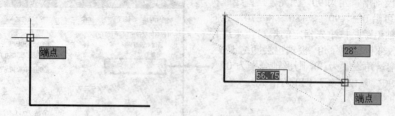

图 1-26　捕捉直线的端点

默认情况下，使用"运行捕捉"模式只能捕捉现有图形的端点、圆心和交点等。如果还需要捕捉中点、象限点和切点等对象，可右击状态栏中的 对象捕捉 开关按钮，从弹出的列表中选择所需选项。此外，也可在弹出的列表中选择"设置"选项，然后在打开的"草图设置"对话框的"对象捕捉模式"设置区中设置捕捉模式，如图 1-27 所示。

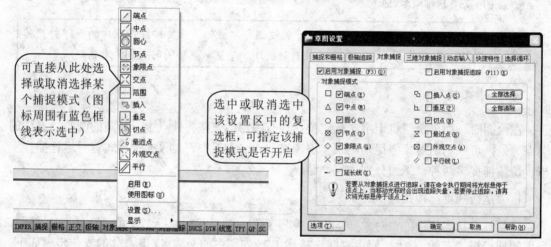

图 1-27　设置对象捕捉模式

2. "覆盖捕捉"模式

一般情况下，我们都能在图形对象上捕捉到需要的点，但当图形对象的某些特征点的位置相近或重合时，可能难以捕捉到需要的点。在这种情况下，我们虽然可以利用"草图设置"对话框的"对象捕捉"选项卡调整对象捕捉模式，但这种方法显得过于繁琐。为此，AutoCAD提供了另外一种对象捕捉模式——覆盖捕捉模式。

要执行覆盖捕捉，可在指定点提示下输入表 1-1 中的对象捕捉模式名称并按【Enter】键，然后再捕捉相应的点，如图 1-28 所示。如果需要输入多个名称，名称之间用逗号分开。执行覆盖捕捉时，运行捕捉被暂时禁止。捕捉结束后，运行捕捉重新有效。

表 1-1　覆盖捕捉模式名称

end（端点）	cen（圆心）	tan（切点）	mid（中点）	per（垂足）
nod（节点）	nea（最近点）	int（交点）	qua（象限点）	
par（平行）	ext（延伸）	ins（插入点）	app（外观交点）	

素材: ch01\1-3-y3-02.dwg

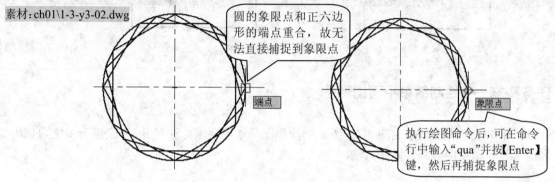

图 1-28　使用覆盖捕捉模式捕捉象限点

除上述方法外，还可以通过右键快捷菜单执行覆盖捕捉模式。例如，要绘制两个圆的公切线，可在执行"直线"命令后，按住【Ctrl】或【Shift】键在绘图区右击鼠标，从弹出的快捷菜单中选择"切点"，如图 1-29 所示；然后将光标移动到圆的适当位置，待出现图 1-30 左图所示的提示时单击；接着采用同样的方法确定另一切点，如图 1-30 右图所示。

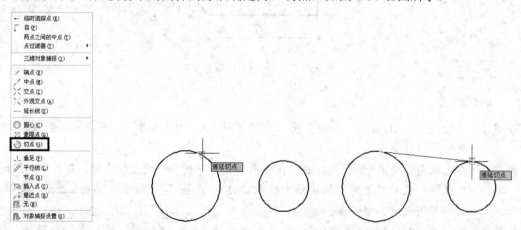

图 1-29　覆盖捕捉模式快捷菜单　　　　　图 1-30　绘制两个圆的公切线

四、对象捕捉追踪

对象捕捉追踪又称为对象追踪，是指在捕捉到对象上的特征点后，可继续根据设置进行正交或极轴追踪（追踪模式取决于图 1-24 中的"对象捕捉追踪设置"）。要打开或关闭对象追踪功能，可单击状态栏中的 对象追踪 开关按钮，或按快捷键【F11】。

在绘图时，对象追踪有两种方式：单向追踪和双向追踪。其中，单向追踪是指捕捉到现有图形的某一个特征点，并对其进行追踪，如图 1-31 左图所示；双向追踪是指同时捕捉现有图形的两个特征点，并分别对其进行追踪，如图 1-31 右图所示。

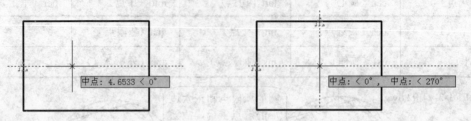

图 1-31　单向追踪与双向追踪

任务实施——绘制简单平面图形

接下来我们将通过绘制图 1-32 所示的简单图形（不要求标注尺寸），来进一步学习使用辅助工具精确绘图的具体操作方法。

效果：ch01\1-3-r1.dwg
视频：ch01\1-3-r1.exe

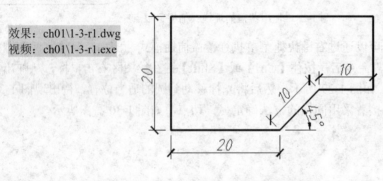

图 1-32　绘制简单平面图形

制作步骤

步骤 1　启动 AutoCAD 2011，关闭状态栏中的 栅格 开关，并确认 极轴 、 对象捕捉 、 对象追踪 和 DYN 开关处于打开状态。

步骤 2　右击状态栏中的 极轴 开关按钮，在弹出的菜单中选择"设置"选项，打开"草图设置"对话框，在"增量角"编辑框中输入"45"，如图 1-33 所示，单击 确定 按钮，关闭"草图设置"对话框。

步骤 3　在"常用"选项卡的"绘图"面板中单击"直线"按钮 ，然后在绘图区的合适位置单击，确定直线的起点。竖直向下移动光标，输入"20"并按【Enter】键，确定竖直直线的长度，如图 1-34 左图所示。水平向右移动光标，输入"20"并按【Enter】键，确定水平直线的长度，如图 1-34 右图所示。

　　如果此时在绘图区绘制的图形显示过小或者过大，可在已绘制图形的附近滚动鼠标的滚轮将其放大或者缩小。

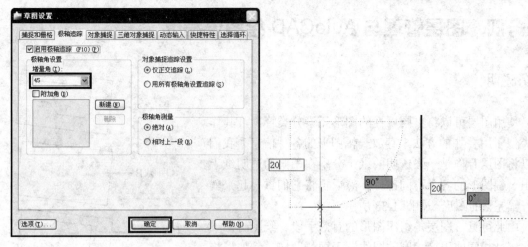

图1-33　在"草图设置"对话框中设置所需的增量角　　　　图1-34　绘制垂直和水平线

步骤 4　接着向右上方移动光标，待出现 45° 追踪线时，输入"10"并按【Enter】键，确定倾斜直线的长度，如图 1-35 左图所示，然后水平向右移动光标，输入"10"并按【Enter】键，确定水平直线的长度，如图 1-35 右图所示。

图1-35　绘制斜线和水平线

步骤 5　接着将光标移动到直线的端点处（参见图 1-36），待捕捉到端点后向右移动光标。此时，会出现一条经过端点的水平追踪线。当要绘制的直线与水平追踪线垂直相交时单击，确定直线的长度，如图 1-37 所示。

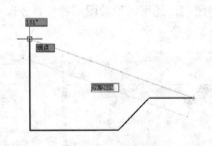

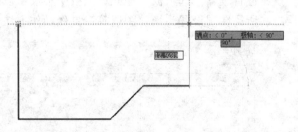

图1-36　捕捉端点　　　　　　图1-37　利用"对象捕捉"和"对象追踪"绘制直线

步骤 6　最后输入"c"并按【Enter】键，结束画线，结果如图 1-32 所示。

任务四　图层管理与 AutoCAD 绘图流程

任务说明

使用图层可以将不同属性的图形元素分类管理，其作用类似于用叠加的方法来存放一幅图形的各种信息。我们可以将图层看作是一张透明的纸，分别在不同的透明纸上画出一幅图形的各个不同部分，然后再将它们重叠起来就是一幅完整的图形，如图 1-38 所示。

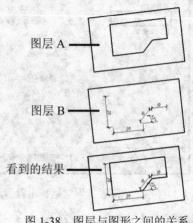

图 1-38　图层与图形之间的关系

由此可见，图层是组织图形的有效手段。绘图时，一般将属性相同或用途相同的图线置于同一图层。例如，将轮廓线置于一个图层中，将中心线置于另一个图层中。以后只要调整图层属性，位于该图层上的所有图形元素的属性都会自动修改。此外，在绘制一些复杂图形时，为了方便绘图，我们还可以通过暂时隐藏或冻结图层来隐藏或冻结该层中的所有元素。

下面，我们就来学习新建并设置图层、控制图层显示状态，以及修改非连续线型的外观等操作。此外，还将了解在 AutoCAD 中绘制平面图形的一般流程。

预备知识

一、新建并设置图层

在 AutoCAD 中，每个图层都具有线型、线宽和颜色等属性。所有图形的绘制工作都是在当前图层中进行的，并且所绘图形元素都会自动继承该图层的所有特性。

默认情况下，新建的空白图形文件只有一个图层——"0"图层。选择"格式">"图层"菜单，或在"常用"选项卡的"图层"面板中单击"图层特性"按钮，打开图 1-39 所示的"图层特性管理器"选项板。在此选项板中不仅可以新建图层，还可以设置图层特性、删除图层或将所需图层设置为当前图层等，具体操作方法如下。

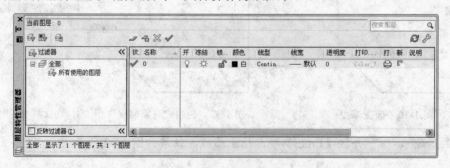

图 1-39　"图层特性管理器"选项板

步骤 1　新建图层。单击"图层特性管理器"选项板中的"新建图层"按钮 ，或在图层列表中单击鼠标右键，从弹出的快捷菜单中选择"新建图层"选项，此时将创建一个名为"图层 1"的新图层。在名称编辑框中输入新图层的名称，如"虚线"（图层名称一般要能够反映绘制在该图层上的图形元素的特性），如图 1-40 所示。

步骤 2　设置图层颜色。单击新建的"虚线"图层所在行的颜色块"■白"，打开"选择颜色"对话框，在"索引颜色"选项卡中选择颜色，如"洋红"，单击 确定 按钮，如图 1-41 所示。

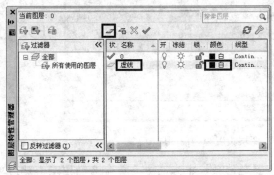

图 1-40　新建图层　　　　　　　　　　　　图 1-41　设置图层颜色

步骤 3　设置图层线型。单击"虚线"图层所在行的"Continuous"，打开"选择线型"对话框，如图 1-42 左图所示。如果线型列表中没有用户需要的线型（默认情况下只有连续线型"Continuous"），可单击 加载(L)... 按钮。

步骤 4　在打开的"加载或重载线型"对话框中选择所需线型，如"DASHED"，如图 1-42 中图所示，单击 确定 按钮返回"选择线型"对话框，选择新加载的线型"DASHED"，单击 确定 按钮，完成线型设置工作。

步骤 5　设置图层的线宽。默认情况下，新创建的图层的线宽为"默认"，一般无须改变。如果需要重新设置线宽，可单击该图层所在行的"默认"选项，打开"线宽"对话框，然后选择所需的线宽，如图 1-42 右图所示。

图 1-42　设置图层的线型与线宽

修改线宽后，只有打开状态栏中的 线宽 开关，才能在绘图区看到线宽设置效果。此外，选择"格式">"线宽"菜单，或右击状态栏中的 线宽 开关，从弹出的快捷菜单中选择"设置"选项，在打开的"线宽设置"对话框中还可调整线宽的显示比例。

步骤 6 设置当前图层。用户的所有绘图操作都是在当前图层中进行的，要将所需图层设置为当前图层，可在"图层特性管理器"选项板中的图层列表中选择要设置的图层，然后单击"置为当前"按钮✓，或直接双击该图层的名称，如图 1-43 所示。

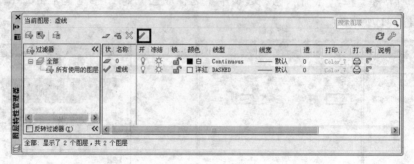

图 1-43 将"虚线"图层设置为当前图层

步骤 7 重命名图层名称。在"图层特性管理器"选项板中先选中要重命名的图层，然后单击该图层的名称，即可修改图层名称。

步骤 8 删除图层。在"图层特性管理器"选项板中选中要删除的图层，然后单击"删除图层"按钮✕或按【Delete】键，即可删除该图层。

> 系统默认的 0 图层、包含绘图元素的图层、当前图层、Defpoints 图层（进行尺寸标注时系统自动生成的图层）和依赖外部参照的图层不能被删除。此外，不能重命名 0 图层。

二、控制图层状态

通过调整图层状态可以隐藏或冻结位于图层中的图形对象。要调整图层状态，可展开"常用"选项卡"图层"面板中的"图层"下拉列表，然后根据需要单击要调整的图层名称前的相应图标，如图 1-44 所示。

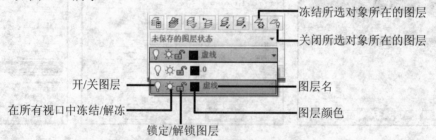

图 1-44 使用图层下拉列表控制图层状态

这些图标的具体功能如下：

➢ **开/关图层：**单击 💡 图标可控制图层的打开或关闭。当图层处于打开状态时，该图层上的所有内容都是可见和可编辑的；当图层处于关闭状态时，该图层上的所有内容是不可见和不可编辑的，同时也是不可打印的。

➢ **在所有视口中冻结/解冻：**单击 ☼ 或 ❋ 图标可在所有视口中冻结或解冻图层。冻结图层后，图层上的所有图形对象均不可见、不可编辑和不可打印。解冻图层后，图层上的内容将重生成，且可见、可编辑和可打印。

➢ **锁定/解锁图层：**单击 🔒 和 🔓 图标可锁定或解锁某一图层。锁定图层时，该图层上的图形对象均可见且可打印，但不可编辑。此外，用户可使用置为当前的锁定图层继续绘图。

> 用户无法冻结当前图层，也不能将已经冻结的图层设置为当前图层。
> 如果当前不选择任何对象，则打开图层下拉列表后单击某个图层名，可将其设置为当前图层；如果当前选择了对象，则打开图层下拉列表后单击某个图层名，可将所选对象移至所选图层上。

三、修改非连续线型的外观

　　非连续线型是由短线和空格等构成的重复图案，图案中的短线长度和空格大小是由线型比例来控制的。有时用户在绘图时，本来想画虚线或者点画线，但最终绘制出的线型看上去却和连续线一样，出现这种情况的原因是线型比例设置得过大或者过小。

　　下面，我们将通过修改图 1-45 左图中非连续线型的外观，来学习非连续线型的外观设置方法，其设置效果如图 1-45 右图所示，具体操作方法如下。

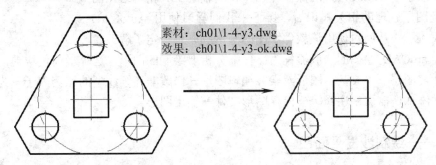

素材：ch01\1-4-y3.dwg
效果：ch01\1-4-y3-ok.dwg

图 1-45　修改非连续线型的外观

步骤 1　选择"格式" > "线型"菜单，打开"线型管理器"对话框。单击该对话框中的 显示细节(D) 按钮，该对话框底部将出现"详细信息"设置区，与此同时，显示细节(D) 按钮变为 隐藏细节(D) 按钮，如图 1-46 所示。

步骤 2　在"详细信息"设置区的"全局比例因子"编辑框中输入新的比例值，如"0.5"，然后单击 确定 按钮，即可调整非连续线型的外观，结果如图 1-47 所示。

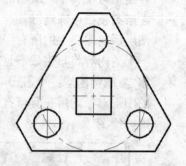

图 1-46　"线型管理器"对话框　　　　　　　　图 1-47　修改全局比例因子效果图

步骤 3　使用"线型管理器"对话框可修改绘图区中的所有非连续线
型的比例，若要单击调整某一个对象的线型比例，可先选中
要调整的对象(如 3 个圆的 6 条中心线)，然后在绘图区右击，
从弹出的快捷菜单中选择"特性"选项，然后在打开的特
性选项板中进行操作，如图 1-48 所示，效果如图 1-45 右图
所示。

四、绘制 AutoCAD 平面图形的一般流程

在初步熟悉了 AutoCAD 的操作界面，使用辅助工具精确绘图的
方法，以及图层管理的相关知识后，接下来我们学习使用 AutoCAD
绘图的一般流程，从而对使用该软件绘图的基本顺序有一定了解。

图 1-48　"特性"选项板

使用 AutoCAD 绘图的一般流程为：仔细分析要绘制的图形，选择最简便快捷的绘图方
法→创建所需图层→绘制基本图形元素并编辑图形→修改非连续线型的比例因子→为图形标
注尺寸，并添加所需文字注释等→保存图形文件→输出图形。

任务实施——绘制沙发平面图

在熟悉了 AutoCAD 所提供的各种辅助绘图工具后，接下来我们将通过绘制图 1-49 所示
的沙发图形，来学习在 AutoCAD 中绘制平面图形的一般流程及图形的打印输出等操作。通
过学习本任务，我们不仅能够学习创建图层、绘制图形和为图形标注尺寸等知识，还能够对
要求按指定比例打印图形，并为图形添加图框和标题栏等知识有一定了解，希望读者能够认
真学习。

一、创建图层

步骤 1　启动 AutoCAD 2011，在"常用"选项卡的"图层"面板中单击"图层特性"按钮，

在打开的"图层特性管理器"选项板中单击"新建图层"按钮，此时系统将自动创建一个名为"图层1"的新图层，如图1-50所示。

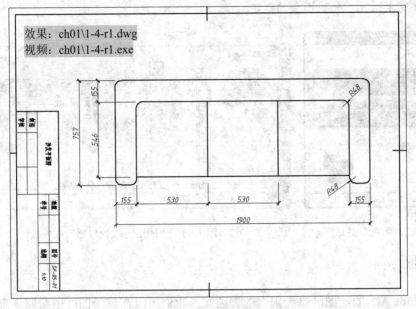

图 1-49 沙发平面图

步骤2 在新建图层的"名称"编辑框中输入图层名称"轮廓线"，然后单击该图层所在行的"默认"选项，打开图1-51所示的"线宽"对话框。选择该对话框中的"0.35mm"选项，然后单击 确定 按钮。

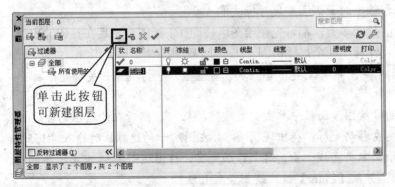

图 1-50 新建图层　　　　　　　　　　图 1-51 "线宽"对话框

步骤3 在"图层特性管理器"选项板中单击"新建图层"按钮，然后在"名称"编辑框中输入新图层的名称"尺寸标注"，接着单击该图层所在行的颜色块，打开图 1-52 所示的"选择颜色"对话框。在"索引颜色"选项卡中选择"蓝"颜色，然后单击 确定 按钮。

步骤4 单击"尺寸标注"图层所在行的"0.35毫米"选项，然后在打开的"线宽"对话框中选择"默认"选项并单击 确定 按钮。

步骤 5 选择"图层特性管理器"选项板中的"轮廓线"图层，然后单击"置为当前"按钮✔，此时"图层特性管理器"选项板如图 1-53 所示。单击该选项板左上角的"关闭"按钮✕将其关闭，完成图层的创建。

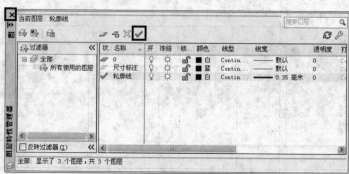

图 1-52 "选择颜色"对话框　　　　　　　图 1-53 "图层特性管理器"选项板

二、绘制图形

由于 AutoCAD 的绘图区是无限大的，因此，我们可以在该绘图区中绘制任意尺寸的图形。实际绘图时，我们可根据要绘图形的尺寸大小，合适地选择以下两种方法进行绘图（本任务采用方法二）。

➤ **方法一**：若要绘制的图形的尺寸太大，我们可完全模拟手工绘图的方法，先按照要打印输出的比例缩小图形，然后再绘制。使用这种方法的缺点是绘图时换算尺寸比较麻烦，优点是打印输出时无需调整尺寸标注的大小。

➤ **方法二**：无论图形的尺寸多大，都可先在绘图区按照 1:1 绘图，然后在打印输出时按照打印比例调整尺寸标注的全局比例因子。

步骤 1 关闭状态栏中的 栅格 开关，并确认 正交 、 对象捕捉 、 对象追踪 、 DYN 和 线宽 开关都处于打开状态。

步骤 2 在"常用"选项卡的"绘图"面板中单击"直线"按钮，然后在绘图区的合适位置单击，接着水平向左移动光标，待出现图 1-54 左图所示的追踪线时输入"155"并按【Enter】键，绘制水平直线；竖直向上移动光标，待出现图 1-54 中图所示的追踪线时输入值"757"并按【Enter】键，绘制竖直直线。

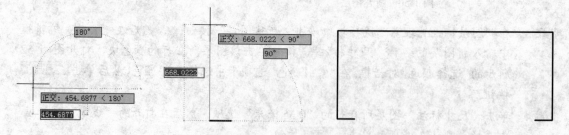

图 1-54 利用"正交"绘制直线（一）

步骤3　采用同样的方法，依次水平向右移动光标，输入"1900"并按【Enter】键；竖直向下移动光标，输入"757"并按【Enter】键；水平向左移动光标，输入"155"并按【Enter】键，最后按【Enter】键结束命令，结果如图 1-54 右图所示。

步骤4　按【Enter】键重复执行"直线"命令，捕捉图 1-55 左图所示的端点 A 并单击，然后竖直向上移动光标，输入"602"并按【Enter】键；水平向右移动光标并捕捉图 1-55 右图所示的端点 B，待出现图中所示的光标提示时单击；移动光标，捕捉并单击端点 B，最后按【Enter】键结束命令，结果如图 1-56 所示。

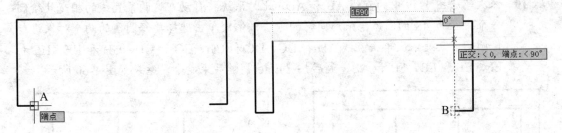

图 1-55　利用"对象捕捉"和"对象追踪"绘制直线

步骤5　在"常用"选项卡的"修改"面板中单击"偏移"按钮，输入偏移距离"546"并按【Enter】键，然后单击选择图 1-56 所示的直线 AB，确定偏移对象，接着在该直线的下方任意位置单击，确定偏移方向，最后按【Enter】键结束命令，结果如图 1-57 所示。

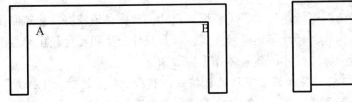

图 1-56　绘制直线效果图

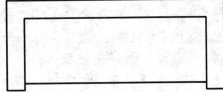

图 1-57　偏移并复制对象

步骤6　打开状态栏中 极轴 开关，然后右击该开关按钮，在弹出的下拉列表中选择"90"。

步骤7　在"常用"选项卡的"绘图"面板中单击"直线"按钮，然后捕捉图 1-58 左图所示的端点 A 并向右移动光标，待出现水平极轴追踪线时输入"530"并按【Enter】键；竖直向下移动光标，待出现图中所示的"交点"提示时单击，最后按【Enter】键结束命令，结果如图 1-58 右图所示。

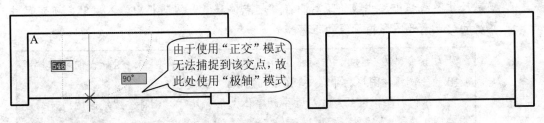

由于使用"正交"模式无法捕捉到该交点，故此处使用"极轴"模式

图 1-58　利用"对象捕捉"和"对象追踪"绘制直线

步骤 8 在"常用"选项卡的"修改"面板中单击"偏移"按钮▣，输入偏移距离"530"并按【Enter】键，然后单击选择上步所绘制的竖直直线并在其右侧单击，最后按【Enter】键结束命令，结果如图 1-59 所示。

步骤 9 在"常用"选项卡的"修改"面板中单击"圆角"按钮▣，根据命令行提示输入"t"并按【Enter】键，再次输入"t"并按【Enter】键，确定使用"修剪"模式；输入"r"并按【Enter】键，然后输入圆角半径值"48"并按【Enter】键；输入"m"按【Enter】键，进入连续修圆角模式。

步骤 10 依次单击图 1-59 中的直线 AB 和 AD，此时系统将自动在这两条直线的相交处绘制一个半径为 48 的圆弧。采用同样的方法，依次单击选择要修圆角的两个对象进行修圆角，此处依次单击直线 AD 和 DC、DC 和 CG、CG 和 GH、GH 和 HE、HE 和 EF、EF 和 FB、FB 和 AB，最后按【Enter】键结束命令，结果如图 1-60 所示。

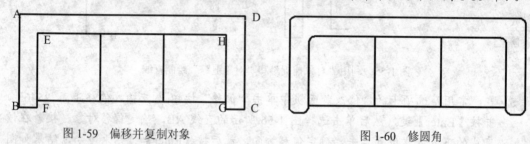

图 1-59 偏移并复制对象   图 1-60 修圆角

三、标注尺寸

绘制完图形后，就可以直接为图形标注尺寸了。要标注尺寸，首先必须依据《建筑制图标准》设置国家标准规定的文字样式、尺寸起止符号样式，以及尺寸数字和尺寸起止符号的大小等，然后再使用相关标注命令标注尺寸，其具体操作步骤如下。

步骤 1 单击"注释"选项卡的"文字"面板右下角的▣按钮，然后在打开的"文字样式"对话框的"文字名"列表框中单击，在弹出的下拉列表中选择"gbeitc.shx"选项，如图 1-61 所示。其他采用默认设置，依次单击该对话框中的 应用(A) 和 关闭(C) 按钮，完成文字样式的设置。

步骤 2 单击"注释"选项卡中"标注"面板右下角的▣按钮，在打开的"标注样式管理器"对话框中单击 修改(M)... 按钮，然后在打开的对话框中选择"线"选项卡，如图 1-62 所示。

步骤 3 按照建筑制图的尺寸标注规范，我们在该对话框的"超出尺寸线"编辑框中输入"2"，确定尺寸界线超出尺寸线的距离；在"起点偏移量"编辑框中输入"5"，确定尺寸界线的起点离开图形轮廓线的距离。

　　从绘制沙发的过程中可知，该图形的最大尺寸为 1900，因此我们可以按照 1:10 的比例将该图形打印在 A4 图纸（210×297）上。
　　为了使打印出来的尺寸标注中的字体大小和尺寸起止符合建筑制图规范，还应在图 1-62 所示的对话框中进行如下设置。

图1-61　设置尺寸数字的字体

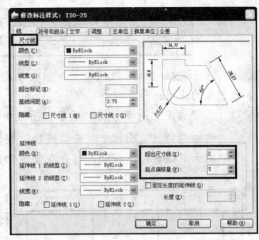

图1-62　设置"ISO-25"标注样式（一）

步骤4　选择"符号和箭头"选项卡，然后在"箭头"设置区的"第一个"列表框中单击，在弹出的下拉列表中选择"建筑标记"选项，采用默认的箭头大小"2.5"，如图1-63左上图所示。选择"文字"选项卡，采用默认的文字样式"Standard"，然后在"文字高度"编辑框中输入"5"，其他采用默认设置，如图1-63左下图所示。

步骤5　选择"调整"选项卡，然后在"标注特征比例"设置区的"使用全局比例"编辑框中输入"10"，其他采用默认设置，如图1-63右图所示。

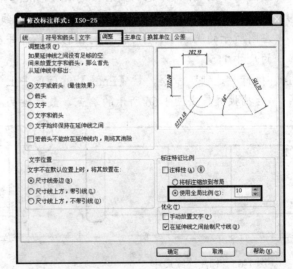

图1-63　设置"ISO-25"标注样式（二）

知识库

　　要将图形按照某一比例打印在标准图纸上，我们一般按照要输出图纸所规定的尺寸数字和尺寸起止符号的大小，在"符号和箭头"及"文字"选项卡中进行设置，然后在"调整"选项卡中设置打印输出的比例。例如，本任务中，我们需要将沙发图形按照1:10打印在A4图纸上，因此将尺寸数字和尺寸起止符号的大小按照 A4 图纸的要求设置，然后在图 1-63 所示的"调整"选项卡中将全局比例设置为 10，即将尺寸数字和尺寸起止符号的大小放大 10 倍标注在图形上。

步骤 6 其他选项卡采用默认设置，依次单击 ⬚确定⬚ 和 ⬚关闭⬚ 按钮，完成"ISO-25"样式的设置。

步骤 7 在"常用"选项卡的"图层"面板中选择"尺寸标注"图层，然后在"注释"选项卡的"标注"面板中单击"线性"按钮 ⊢，依次捕捉并单击图 1-64 左图所示的 A、B 端点，接着向下移动光标并在合适位置单击以放置尺寸线，结果如图 1-64 右图所示。

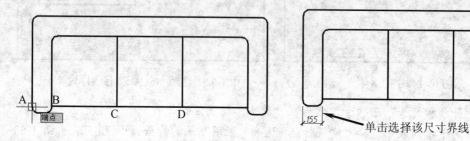

图 1-64　标注线性尺寸（一）

步骤 8 在"注释"选项卡的"标注"面板中单击"连续"按钮 ⊢⊢⊢·，按【Enter】键后单击 1-64 右图中尺寸 155 的右侧尺寸界线，以指定尺寸基准，然后依次捕捉并单击图 1-64 左图所示的端点 C、D，最后按两次【Enter】键结束命令，结果如图 1-65 所示。

步骤 9 在"注释"选项卡的"标注"面板中单击"线性"按钮 ⊢，依次捕捉并单击图 1-65 左图所示的端点 A、B，接着向左移动光标并在合适位置单击，以标注图 1-66 所示的尺寸 155。

步骤 10 执行"连续"命令，按【Enter】键后单击上步所标尺寸 155 的下侧尺寸界线，然后捕捉并单击图 1-66 所示的端点，最后按两次【Enter】键结束命令。

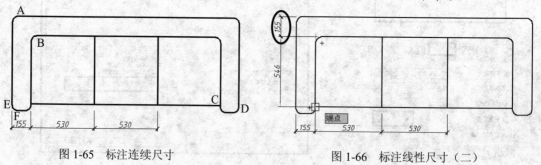

图 1-65　标注连续尺寸　　　　　　　　图 1-66　标注线性尺寸（二）

步骤 11 采用同样的方法执行"线性"命令，依次捕捉并单击图 1-65 所示的端点 C、D，向下移动光标标注尺寸 155；单击端点 E、D 并向下移动光标，标注尺寸 1900；单击端点 A、F 并向左移动光标，标注尺寸 757，最后按【Enter】键结束命令，结果如图 1-67 所示。

步骤 12 要标注沙发图形中圆角的半径尺寸，则需要在不改变文字样式及大小的前提下修改标注样式中的箭头样式。即单击"注释"选项卡的"标注"面板右下角的 ⬚ 按钮，在打开的"标注样式管理器"对话框中单击 替代(0)... 按钮，然后在打开的对话框中选择"符号和箭头"选项卡。

步骤 13 在"箭头"设置区的"第一个"列表框中单击，在弹出的下拉列表中选择"实心闭合"，其他采用默认设置，如图 1-68 所示。依次单击 确定 和 关闭 按钮，完成"ISO-25"样式的替代样式的设置。

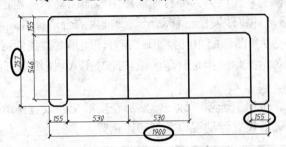

图 1-67　标注线性尺寸（三）　　　　图 1-68　设置标注样式"ISO-25"的替代样式

步骤 14 在"注释"选项卡的"标注"面板中单击"线性"按钮下的小三角按钮，然后在打开的列表中选择"半径"，接着单击要标注半径的圆弧，移动光标并在合适位置单击，以指定半径尺寸的位置，如图 1-69 所示。

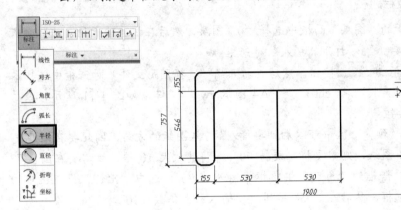

图 1-69　选择命令并标注圆角尺寸

步骤 15 按【Enter】键重复执行"半径"命令，单击图 1-69 右图所示圆弧 A，然后移动光标并在合适位置单击，以指定该半径尺寸的位置，结果如图 1-70 所示。

四、保存图形

至此，沙发图形已经绘制完成。单击快速访问工具栏中的"保存"按钮，然后在弹出的"图形另存为"对话框的"保存于"列表框中选择要保存文件的文件夹；在"文件名"编辑框中输入文件名称，如"1-4-r1"；在"文件

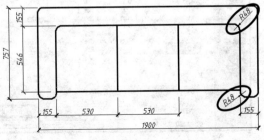

图 1-70　圆角标注效果图

类型"下拉列表中选择合适的文件类型，最后单击 保存(S) 按钮保存文件。

五、按 1:10 打印图形

若要将沙发图形按 1:10 打印在 A4 图纸上，可按以下两种方法进行操作。

➢ **方法一**：在当前工作空间（即"模型"空间）为要打印的图形添加图框和标题栏，然后将该图框和标题栏放大 10 倍，并将沙发图形移动至该图框内的合适位置。由于缩放后的图框的最大尺寸正好是 A4 图纸的 10 倍，因此在打印图形时，我们可通过"窗口"方式选择图框的两个对角点，以指定打印区域，此时在 A4 图纸上打印的完整图形的比例大致为 1:10。

➢ **方法二**：单击绘图区下方的任一"布局"选项卡标签，然后在图纸空间设置图纸大小、方向、添加图框和标题栏，最后设置浮动视口及打印比例等。

> **提示** 本任务中，我们采用第一种方法打印沙发图形。为了便于读者操作，我们已经绘制好了标准的 A4 图框和学生作业中经常使用的标题栏，使用时可直接调用即可，具体操作方法如下。

1. 为图形添加图框及标题栏

步骤 1 在"常用"选项卡的"图层"面板中选择"0"图层，然后在该选项卡的"块"面板中单击"插入"按钮，打开"插入"对话框。

步骤 2 单击该对话框中的 浏览(B)... 按钮，然后在打开的"选择图形文件"对话框中选择本书配套光盘中的"素材" > "ch01" > "A4 图纸.dwg"文件，如图 1-71 所示，最后单击 打开(O) 按钮。

步骤 3 从图 1-71 所示的"预览"区中可以看到要插入的 A4 图纸的方向，因此要在该沙发图形中插入该 A4 图纸，则需要将其旋转-90° 并将其放大 10 倍，故需要在图 1-72 所示的"插入"对话框的"角度"编辑框中输入"-90"；选中"比例"设置区中的"统一比例"复选框，然后在"X"编辑框中输入放大倍数"10"。

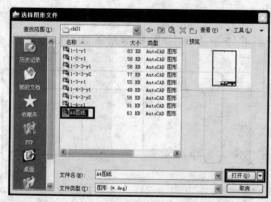
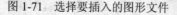
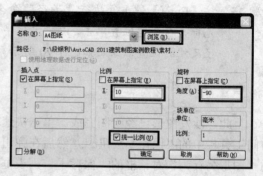

图 1-71　选择要插入的图形文件　　　　图 1-72　设置插入图形的比例和旋转角度

步骤 4 单击"插入"对话框中的 确定 按钮，移动光标将沙发图形置于该图框的合适位置，然后单击以指定该图框的位置，接着根据命令行提示依次输入学校名称、图名、班级和图号等。本例中，我们输入图名"沙发平面图"、图号"SF-05-01"、比例"1:10"，其他不需要填写的信息可直接按【Enter】键，结果如图 1-73 所示。

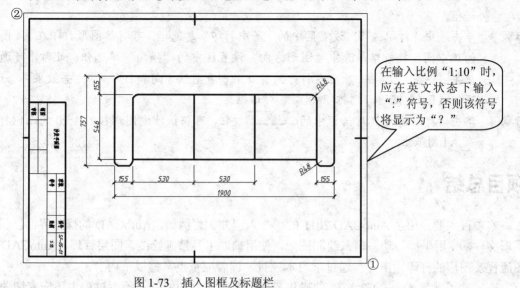

在输入比例"1:10"时，应在英文状态下输入"："符号，否则该符号将显示为"？"

图 1-73　插入图框及标题栏

2．打印图形

由于在标注该沙发图形时，所有尺寸数字和尺寸起止符号的大小都是按照 A4 图纸的要求设置的，因此，要将该沙发图形按照 1:10 的比例输出在 A4 图纸上，可按如下方法进行操作。

步骤 1　选择"文件" > "打印"菜单，或在"输出"选项卡的"打印"面板中单击"打印"按钮，然后在打开的"打印-模型"对话框的"打印机/绘图仪"设置区的"名称"列表框中单击，在弹出的下拉列表中选择所需打印机，如图 1-74 所示。

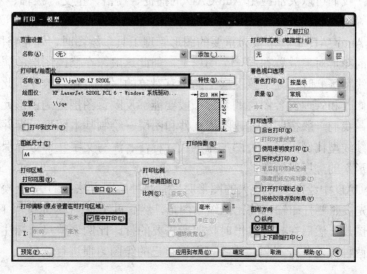

图 1-74　"打印-模型"对话框

步骤 2 根据打印需要，在"图纸尺寸"列表框中选择"A4"；在"打印范围"列表框中单击，然后在弹出的下拉列表中选择"窗口"，接着在绘图区依次捕捉并单击图 1-73 所示图框的两个端点①和②，以指定打印区域。此时，系统将自动返回"打印-模型"对话框。

步骤 3 单击选中"打印偏移"设置区中的"居中打印"复选框，可将该图形打印在 A4 图纸的正中间，接着单击选中"图形方向"设置区中的"横向"单选钮。此时，可通过单击 预览(P)... 按钮，然后在打开的窗口中查看图纸方向和打印效果。若效果不合适，可按【Esc】键返回"打印-模型"对话框。

步骤 4 单击"打印-模型"对话框中的 确定 按钮，可将该沙发图形按照 1:10 的比例打印在 A4 图纸上。

项目总结

本项目主要介绍了 AutoCAD 2011 的一些入门知识。例如，AutoCAD 的操作界面，新建图形文件，使用坐标与动态输入绘制图形，使用辅助工具精确绘图，图层管理，AutoCAD 绘图流程及图形的打印输出等。通过学习本项目，读者应重点掌握以下内容。

➢ 除了熟悉 AutoCAD 2011 的操作界面、各区域的功能外，绘图过程中还应密切关注命令行，并按照命令行中的提示进行操作。

➢ 绘图时，使用鼠标可选择绘图命令；编辑图形时，使用鼠标可选择要编辑的图形对象；绘图过程中，使用鼠标的滚轮可缩放图形。因此，学习过程中，应灵活使用鼠标。

➢ 绘图时，为了更好地查看整个图形或图形某个部分的结构形状，经常需要对视图进行放大、缩小或平移操作。在对图形进行这些操作时，图形本身的大小并无变化。

➢ 绘图时，我们可以灵活应用 AutoCAD 的捕捉、栅格、正交、极轴、对象捕捉、对象追踪等功能精确绘图。

➢ 图层是 AutoCAD 中一个极为重要的图形管理工具。绘图时，通常将同一线型，同一作用的图形对象放置在同一个图层上，如此这般，在修改图层的属性（如颜色、线型、线宽等）时，处于该图层上的所有对象的属性也随之改变。此外，为了便于图层的修改和管理，各图层的名称一般要能够反映该图层上的图形元素的特性。

➢ 绘图时，我们一般按照"创建图形文件和图层→绘制基本图形元素并编辑图形→修改非连续线型比例因子→为图形添加尺寸标注、注写文字注释等→保存图形文件→输出图形"的顺序进行绘图。

➢ 在 AutoCAD 中绘制尺寸较大的图形时，有两种绘图方法：① 完全模拟手工绘图的方法，先按照要打印输出的比例缩小图形，然后再绘制；② 先按照 1:1 在绘图区绘制出该图形，然后在打印输出时按照所需要的打印比例调整尺寸标注的全局比例因子。这两种方法各有利弊，读者可根据自己的绘图习惯进行选择。

项目实训

一、设置便于自己绘图的操作界面

新建一个图形文件，利用本项目所学知识将绘图区的背景颜色设置为"白"，将十字光标大小设置为 10，将文件自动保存的时间间隔设置为 20 分钟，将保存文件时的文件格式设置为"AutoCAD 2004/LT2004 图形（*.dwg）"。

二、创建建筑平面图中的常用图层

按照表 1-2 的要求创建图层，并将该文件保存。

表 1-2　图层的属性

名称	颜色	线型	线宽
轴线	红色	Center	默认
墙线	白色	Continuous	0.7
门窗	洋色	Continuous	默认
阳台	绿红	Continuous	默认
尺寸	蓝色	Continuous	默认

项目考核

一、选择题

1．AutoCAD 2011 中的大部分绘图命令是以按钮的形式分类显示在（　　　）中。
   A．绘图区　　　　　　　　　　B．快速访问工具栏
   C．功能区的不同选项卡　　　　D．导航器

2．（　　　）一般作为拾取键，主要用来选择菜单、工具按钮和目标对象，以及在绘图过程中指定点的位置等。
   A．鼠标左键　　　B．鼠标右键　　　C．鼠标滚轮　　　D．鼠标左键和右键

3．下列属于合法的绝对极坐标的表示方法是（　　　）。
   A．（6.0，10.7）　　　B．17<64　　　C．@9，10　　　D．@45<80

4．对于所选中的图形对象，若要从已经选中的多个图形对象中取消某个对象，可在按住（　　　）键的同时单击需要取消的对象。
   A．【Esc】　　　B．【Ctrl】　　　C．【Shift】　　　D．【Ctrl+Z】

5.（　　）模式只能控制光标沿水平或垂直方向移动，（　　）模式可控制光标沿由极轴角定义的极轴线方向移动。

    A．捕捉　　　　　　B．正交　　　　　　C．对象捕捉　　　D．极轴追踪

6.下列说法中不正确的是（　　）。

    A．AutoCAD 中的图形都是由基本图形元素组成的

    B．单击导航栏中的"平移"按钮并拖动鼠标，可平移图形

    C．连续单击鼠标滚轮，可在绘图窗口中最大化显示视图

    D．利用鼠标或导航栏中的相关命令放大或缩小视图时，图形本身的尺寸大小也会随之改变

二、问答题

1．选取图形对象的方法有哪几种，各有什么区别？

2．简述"运行捕捉"模式和"覆盖捕捉模式"的异同。

3．图层有什么作用？

4．简述绘制 AutoCAD 平面图形的一般流程。

项目二　绘制平面图形（上）

项目导读

在 AutoCAD 中，任何复杂的平面图形实际上都是由点、直线、圆、圆弧和矩形等基本图形元素组成的。从本项目开始，我们将学习这些基本图形元素的绘制方法，从而为绘制复杂的建筑平面图形打好基础。

学习目标

- 掌握点、直线、圆、圆环和圆弧的绘制方法。
- 掌握椭圆、矩形和正多边形的绘制方法。
- 能够绘制简单的建筑平面图形。

任务一　绘制点、直线、圆、圆环和圆弧

任务说明

在本任务中，我们将学习使用"点"、"直线"、"圆"、"圆环"和"圆弧"命令来绘制图形的方法。其中，利用"点"命令可以绘制单点、多点、等分点和等距点；利用"直线"命令可以绘制平行线、垂直线和切线；利用"圆"按钮列表中的命令可以绘制圆；利用"圆环"命令可以绘制圆环和实心圆；利用"圆弧"按钮列表中的命令可以绘制圆弧。

预备知识

一、绘制点

利用"点"命令可以绘制单点、多点，也可以绘制等分点和等距点。在 AutoCAD 中，点的默认样式为小圆点"·"，根据绘图需要，我们还可以在绘制点前设置其大小和样式。

1. 设置点的样式和大小

要改变点的样式和大小，可以执行如下操作。

步骤 1 选择"格式">"点样式"菜单,打开"点样式"对话框,如图 2-1 所示。

步骤 2 在"点样式"对话框中选择点样式⊠,在"点大小"编辑框中输入点大小,如"6"。其中,◉相对于屏幕设置大小(R)和 ◯按绝对单位设置大小(A)单选钮决定了点大小的控制方式。

步骤 3 单击"点样式"对话框中的 [确定] 按钮,完成点样式及大小的设置。

图 2-1 "点样式"对话框

2. 绘制单点和多点

要绘制单点(一次命令绘制一个点),可选择"绘图">"点">"单点"菜单,然后输入点的坐标或单击确定点的位置即可。

要绘制多点(一次命令绘制多个点),可选择"绘图">"点">"多点"菜单,或展开"常用"选项卡的"绘图"面板并单击"多点"按钮⊡,然后通过单击或输入坐标确定各点的位置,最后按【Esc】键结束命令,如图 2-2 所示。

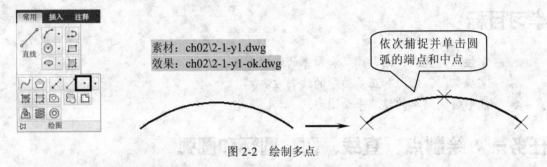

素材:ch02\2-1-y1.dwg
效果:ch02\2-1-y1-ok.dwg

依次捕捉并单击圆弧的端点和中点

图 2-2 绘制多点

>
> AutoCAD 提供了 3 种执行绘图命令的方式:① 单击"常用"选项卡"绘图"面板中的相应按钮;② 在命令行中输入命令的英文全称或其简写;③ 在"绘图"下拉菜单中选择所需要的菜单项。本书后面的讲解中,如无特殊情况,我们主要采用单击"绘图"面板中的命令按钮进行绘图。
>
> 此外,在 AutoCAD 中执行某项命令时,可随时按【Esc】键结束或取消命令操作。

3. 绘制定数等分点

定数等分点是指在一定距离内按指定的数量绘制多个点,并且这些点之间的距离均相等。要绘制定数等分点,可展开"常用"选项卡的"绘图"面板并单击"多点"按钮⊡⊡旁的三角按钮,在弹出的按钮列表中选择"定数等分"按钮⚡n,然后选择要等分的对象并输入等分数量即可。

例如,绘制长度为 100 的直线,然后使用"定数等分"命令将其 8 等分,具体操作步骤如下。

步骤 1 在"常用"选项卡的"绘图"面板中单击"直线"按钮／,然后在绘图区的适当位置单击,确定直线的起点;接着水平向右移动光标,输入"100"并按【Enter】键,确定直线的长度；最后按【Enter】键结束画线。

步骤 2 在"常用"选项卡的"绘图"面板中选择"定数等分"按钮 <img_n>，单击选择上步所绘制的直线作为要定数等分的对象，然后在命令行中输入"8"并按【Enter】键，结果如图 2-3 左图所示（点只是一个标记，并不会将直线打断）。

4. 绘制定距等分点

定距等分点是在指定对象上按指定的距离绘制点。要绘制定距等分点，可展开"常用"选项卡的"绘图"面板并单击"多点"按钮 ▦ 旁的三角按钮，在弹出的按钮列表中选择"定距等分"按钮 ✗，然后依次选择要定距等分的对象并输入等分距离即可。

例如，执行"定距等分"命令后选择长度为 100 的直线 AB，接着输入等分距离"20"并按【Enter】键，结果图 2-3 右图所示，即从直线 AB 的端点 A 开始，在每隔 20 处绘制一点。

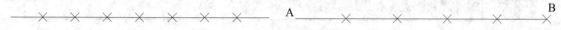

图 2-3　定数等分点和定距等分点

二、绘制直线

直线是平面图形中最常用、最简单的图形元素之一。在 AutoCAD 中，我们可以通过在"常用"选项卡的"绘图"面板中单击"直线"按钮 ✐，或在命令行中输入"line"（或"l"）并按【Enter】键来执行"直线"命令。此外，结合 AutoCAD 提供的各种辅助功能，我们还可以方便地绘制平行线、垂直线和切线等，如图 2-4 所示。

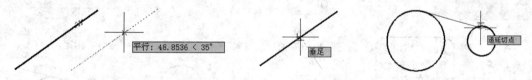

图 2-4　使用对象捕捉功能绘制平行线、垂直线和切线

例如，要借助"平行"捕捉功能绘制平行线，可按以下步骤进行操作。

步骤 1 在"常用"选项卡的"绘图"面板中单击"直线"按钮 ✐，然后根据命令行提示在绘图区的任意位置处分别单击，确定直线 AB 的起点和终点，最后按【Enter】键结束命令，结果如图 2-5 左图所示。

> 执行"直线"命令后，可通过直接单击、输入坐标值或捕捉对象上的特征点等方式来确定各直线段的起点和终点。若要撤销上步绘制的直线段，可按【Ctrl+Z】组合键，或输入"u"并按【Enter】键。

步骤 2 按【Enter】键重复执行"直线"命令，在图 2-5 左二图所示的 A 点处单击以确定平行线的起点。

步骤 3 在命令行中输入"par"按【Enter】键，以执行平行覆盖捕捉，然后将光标移至已绘直线上，此时将出现一个平行符号"∥"，如图 2-5 左二图所示。

步骤 4 将光标移至与已绘直线大体平行的位置，待出现图 2-5 右二图所示的"平行: 长度<

角度"提示和平行追踪线时，表明此时将绘制平行线。

步骤 5 将光标沿平行追踪线方向移动至合适位置并单击，然后按【Enter】键结束"直线"命令，结果如图 2-5 右图所示。

图 2-5 利用"平行"捕捉功能绘制平行线

 除了利用"平行"对象捕捉功能外，还可以利用"偏移"命令绘制平行线，具体操作方法请参考本书项目四。

三、绘制圆和圆环

AutoCAD 提供了 6 种绘制圆的方法。要绘制圆，可在"常用"选项卡的"绘图"面板中单击"圆心，半径"按钮⊙后的三角符号，然后在弹出的按钮列表中选择所需按钮。该按钮列表中各按钮的功能及操作方法如图 2-6 所示。

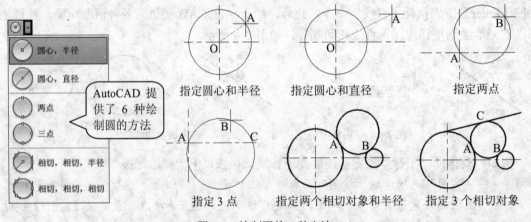

图 2-6 绘制圆的 6 种方法

 使用"圆心，直径"命令画圆时，第一点为圆心，第二点与第一点之间的距离为直径，因此第二点不在圆上；使用"两点"画圆时，两点的位置（相当于直径的两个端点）决定了圆的位置，两点之间的距离决定了圆的直径；绘制与现有对象相切的圆时，可通过选择不同的切点位置绘制内切圆或外切圆。

例如，要绘制与 3 个已知对象都相切的圆，可进行如下操作。

步骤 1 在绘图区绘制两条直线和一个圆，如图 2-7 左图所示，然后在"常用"选项卡的"绘图"面板中单击"圆心，半径"按钮⊙后的三角符号，在弹出的按钮列表中选择"相切，相切，相切"按钮⊙。

步骤2 将光标分别移至两条直线和圆的合适位置并单击，如图 2-7 左边 3 个图所示，此时所绘制的圆与这 3 个对象均相切，结果如图 2-7 右图所示。

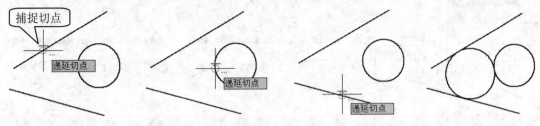

图 2-7 使用"相切，相切，相切"命令绘制圆

此外，在 AutoCAD 中还可以绘制圆环和实心圆，方法是展开"常用"选项卡的"绘图"面板并单击"圆环"按钮◎，然后依次输入圆环内径、外径，并指定圆心位置即可。例如，要绘制内径为 10，外径为 20 的圆环，其具体操作步骤如下。

步骤1 展开"常用"选项卡的"绘图"面板并单击"圆环"按钮◎，然后输入"10"并按【Enter】键，指定圆环的内径。

步骤2 输入"20"并按【Enter】键，指定圆环的外径，然后在绘图区任意位置单击，指定圆环的中心点，最后按【Enter】键结束命令，结果如图 2-8 所示。

执行"圆环"命令后，若指定其内径为 0，则可以通过指定外径大小来绘制实心圆

图 2-8 绘制圆环

四、绘制圆弧

在绘制图形时，我们经常需要用圆弧连接两直线、两圆弧或直线和圆弧，这样的圆弧称为连接弧。在 AutoCAD 中，可以使用以下几种方法绘制连接弧。

1. 使用"圆弧"命令直接绘制连接弧

在"常用"选项卡的"绘图"面板中单击"圆弧"按钮⌒·后的三角符号，然后在弹出的按钮列表中选择所需按钮绘制圆弧，如图 2-9 所示。绘制圆弧时，图 2-9 左图所示的按钮列表和命令行中的"角度"均指包含角（圆弧圆心分别与圆弧起点和端点连线的夹角）；"方向"是指圆弧起点的切线方向；"长度"是指圆弧的弦长，即起点和端点之间的直线距离。

提示

　　　　圆弧的方向有顺时针和逆时针之分。默认情况下，系统按逆时针方向绘制圆弧。因此，在绘制圆弧时一定要注意圆弧起点和端点的相对位置，否则有可能导致所绘制的圆弧与预期圆弧的方向相反。

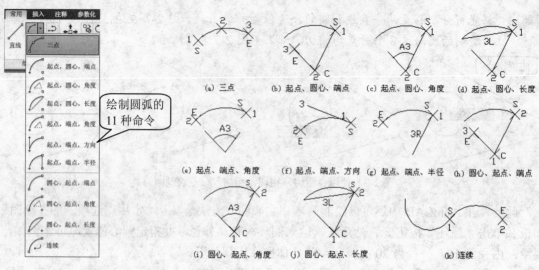

图 2-9　绘制圆弧的 11 种方式

2. 通过修剪圆的方法绘制连接弧

圆弧属于圆的一部分，因此我们可以通过修剪圆的方法绘制各种连接弧。例如，要绘制图 2-10 所示的圆弧，可按如下步骤进行操作。

步骤 1　打开本书配套光盘中的"素材" > "ch02" > "2-1-y4.dwg"文件，如图 2-11 左图所示。

步骤 2　在"常用"选项卡的"绘图"面板中单击"圆心，半径"按钮，然后输入"mid"并按【Enter】键，接着捕捉图 2-11 右图所示的中点并单击，以指定圆心。

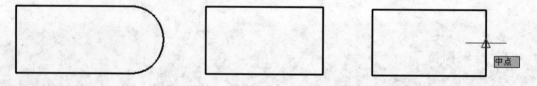

图 2-10　绘图示例　　　　　图 2-11　打开素材文件并指定圆心

步骤 3　将光标移至矩形的右上或右下角点，待出现图 2-12 左图所示的"端点"提示时单击以确定半径，结果如图 2-12 中图所示。

步骤 4　在"常用"选项卡的"修改"面板中单击"修剪"按钮，如图 2-12 右图所示，然后单击矩形和圆并按【Enter】键，最后依次单击图 2-12 中图所示的直线 A 和圆弧 B 并按【Enter】键，修剪结果如图 2-10 所示。

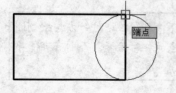 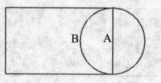 

图 2-12　绘制圆并修剪成圆弧

3. 使用"圆角"命令绘制连接弧

使用"圆角"命令绘制圆弧也是较常用的绘制连接弧的方法之一。该命令一般用于将图形中的拐角（不一定是 90°）修剪成圆角，或在未连接的两个对象之间增加连接弧，如图 2-13 所示。

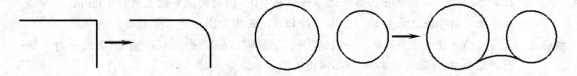

图 2-13　利用"圆角"命令绘制连接弧

例如，要在图 2-13 左图所示的两条直线间绘制连接弧，可在"常用"选项卡的"修改"面板中单击"圆角"按钮，然后根据命令行提示输入"t"并按【Enter】键，再次输入"t"并按【Enter】键，以选择"修剪"模式；输入"r"并按【Enter】键，输入圆弧半径值"8"并按【Enter】键；最后分别在要绘制连接弧的两条直线上单击即可。

> 　使用"圆角"命令绘制圆弧时，如果所设半径不合适（如过大或过小），可能无法生成连接弧。
>
> 　关于"修剪"和"圆角"命令的具体操作方法，本项目仅作简单介绍，具体内容我们将在项目四中详细讲解。

任务实施——绘制抽油烟机立面图

下面，我们将通过绘制图 2-14 所示的抽油烟机立面图（不要求标注尺寸），来学习直线和圆弧的具体绘制方法。

效果：ch02\2-1-r1.dwg
视频：ch02\2-1-r1.exe

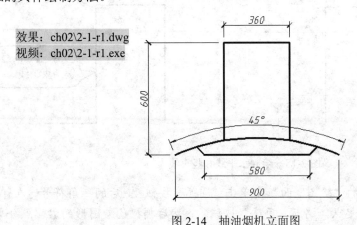

图 2-14　抽油烟机立面图

制作思路

由图 2-14 可知，抽油烟机立面图是由直线和圆弧组成的，由图中的尺寸可知圆弧的两端点和角度，因此我们可以先绘制圆弧上面的直线，然后利用"起点，端点，角度"命令绘制圆弧，最后绘制圆弧下面的直线。

制作步骤

步骤 1 启动 AutoCAD 2011，在"常用"选项卡的"图层"面板中单击"图层特性"按钮，在打开的"图层特性管理器"选项板中将"0"图层的线宽设置为"0.35mm"。完成后单击对话框左上角处的"关闭"按钮，关闭"图层特性管理器"选项板。

步骤 2 关闭状态栏中的栅格开关，并确认极轴、对象捕捉、对象追踪、DYN 和线宽开关处于打开状态，然后右击极轴开关按钮，在弹出的下拉列表中选择"45"。

步骤 3 在"常用"选项卡的"绘图"面板中单击"直线"按钮，然后在绘图区的合适位置单击，确定直线的起点，接着按照图 2-15 所示的方法绘制直线。

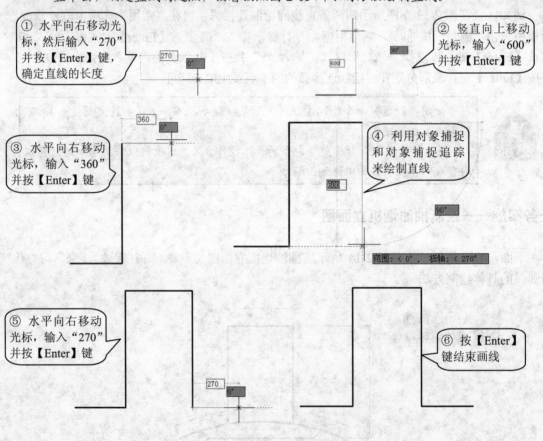

① 水平向右移动光标，然后输入"270"并按【Enter】键，确定直线的长度

② 竖直向上移动光标，输入"600"并按【Enter】键

③ 水平向右移动光标，输入"360"并按【Enter】键

④ 利用对象捕捉和对象捕捉追踪来绘制直线

⑤ 水平向右移动光标，输入"270"并按【Enter】键

⑥ 按【Enter】键结束画线

图 2-15　绘制水平线和竖直线

步骤 4 在"常用"选项卡的"绘图"面板中单击"圆弧"按钮后的三角符号，在弹出的按钮列表中选择"起点，端点，角度"按钮，然后捕捉已绘图形的右端点并单击，确定圆弧的起点；接着捕捉图形的左端点并单击，确定圆弧的端点；最后输入"45"并按【Enter】键，确定圆弧的角度并结束命令，如图 2-16 所示。

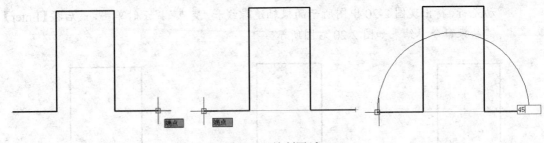

图 2-16　绘制圆弧

步骤 5　单击选中图 2-17 左图所示的直线 AB 和 CD，然后在"常用"选项卡的"修改"面板中单击"删除"按钮 ✎ 将其删除，结果如图 2-17 右图所示。

> 　　选中图形对象后，按键盘上的【Delete】键，或在"常用"选项卡的"修改"面板中单击"删除"按钮 ✎ ，或者直接在命令行中输入"e"（"erase"命令的缩写）并按【Enter】键，都可删除所选对象。

步骤 6　在"常用"选项卡的"修改"面板中单击"修剪"按钮 ✂ ，然后单击圆弧并按【Enter】键，确定修剪边界，接着依次单击图 2-17 右图中的直线 EF 和 GH 并按【Enter】键，修剪结果如图 2-18 所示。

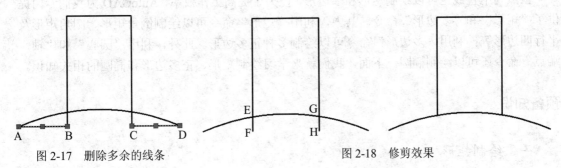

图 2-17　删除多余的线条　　　　　　　　　　图 2-18　修剪效果

步骤 7　在命令行中输入"L"并按【Enter】键，捕捉圆弧的左端点并向右移动光标，待出现追踪线时输入"160"并按【Enter】键；水平向右移动光标，输入"580"并按【Enter】键；向右上方移动光标，捕捉 45° 追踪线与圆弧的交点并单击，如图 2-19 所示；最后按【Enter】键结束命令。

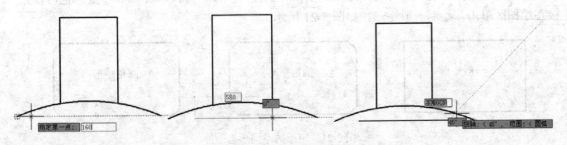

图 2-19　绘制水平线和斜线

步骤 8　按【Enter】键重复执行"直线"命令，捕捉直线的左端点并单击，然后向左上方移动光标,待出现图 2-20 中图所示的极轴追踪线和"交点"提示时单击,最后按【Enter】键结束命令,结果如图 2-20 右图所示。

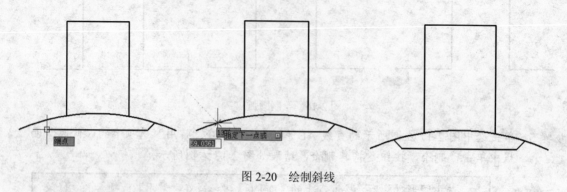

图 2-20 绘制斜线

任务二 绘制矩形、正多边形和椭圆

任务说明

虽然利用直线也可以绘制矩形和多边形,但为了提高工作效率,AutoCAD 为我们专门提供了"矩形"和"多边形"命令。其中,利用"矩形"命令可以绘制倒角矩形、圆角矩形及平行四边形等;利用"多边形"命令可以绘制多种正多边形。此外,利用"圆心"和"轴,端点"命令还可以绘制椭圆。下面,我们就来学习绘制矩形、正多边形和椭圆的相关知识。

预备知识

一、绘制矩形

要绘制矩形,可在"常用"选项卡的"绘图"面板中单击"矩形"按钮 □ ,或在命令行中输入"rec"并按【Enter】键,此时命令行会出现如下提示:

指定第一个角点或[倒角(C)/标高(E)/圆角(F)/厚度(T)/宽度(W)]:

通过选择不同的选项,可为矩形指定倒角、圆角、宽度、厚度和标高等参数,也可以直接在绘图区单击,绘制一般矩形,如图 2-21 所示。

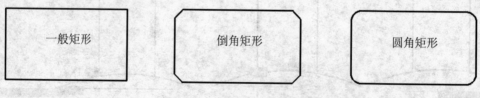

图 2-21 矩形的不同形态

例如,要绘制图 2-22 所示的带有圆角的矩形,可按如下步骤进行操作。

步骤 1 在"常用"选项卡的"绘图"面板中单击"矩形"按钮 ▭，然后根据命令行提示输入"f"并按【Enter】键，选择"圆角"选项。

步骤 2 在命令行中输入圆角半径值"5"并按【Enter】键，然后在绘图区合适位置单击以指定圆角矩形的第一角点。

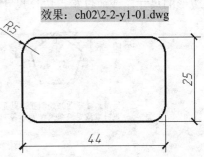

效果：ch02\2-2-y1-01.dwg

步骤 3 根据命令行提示输入"d"并按【Enter】键，然后输入矩形的长度值"44"并按【Enter】键，接着输入宽度值"25"并按【Enter】键。

步骤 4 此时，绘图区将显示一个长度为 44，宽度为 25，圆角半径为 5 的矩形，然后移动光标，在合适位置单击以指定圆角矩形的另一角点。

图 2-22　绘制带有圆角的矩形

提示

　　设置了矩形的宽度、厚度、圆角、倒角、旋转角度后，这些设置将被自动保存。因此，再次执行矩形命令时，这些设置均有效。但是，一旦退出 AutoCAD，这些设置将被自动清除。

　　在 AutoCAD 中单击选中某个图形元素后，该元素上将会出现用于控制其形状的夹点。例如，直线包含了两个端点和一个中点夹点，圆包含了圆心和 4 个象限夹点，矩形包含了 4 个角点和 4 个边夹点，如图 2-23 所示。这些夹点除了可以控制图形形状外，还可以用来编辑图形。

素材：ch02\2-2-y1-02.dwg

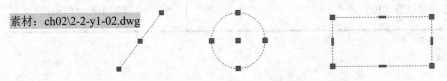

图 2-23　图形元素的夹点

　　例如，单击选中所绘制的一般矩形，然后将光标移至 ■ 夹点处（不单击），此时将出现图 2-24 左图所示的快捷菜单，利用该菜单可将矩形变换为边长不相等的四边形、五边形和三角形（参见图 2-24 左图）；将光标移至 ▬ 夹点处，利用出现的快捷菜单可将矩形变换为平行四边形（参见图 2-24 右图）、五边形或具有圆弧的封闭图形。

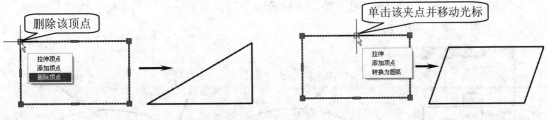

删除该顶点

单击该夹点并移动光标

图 2-24　利用夹点编辑矩形

二、绘制正多边形

　　要在 AutoCAD 中绘制正多边形，可展开"常用"选项卡的"绘图"面板并单击"多边

形"按钮，然后指定多边形的边数，接着通过指定其外接圆或内切圆的半径来确定正多边形的尺寸，或通过指定边长尺寸来进行绘制，如图 2-25 所示。

图 2-25　绘制正多边形的 3 种方法

例如，要绘制一个外接圆半径为 10 的正六边形，具体操作方法如下。

提示与操作	说明
命令：展开"常用"选项卡的"绘图"面板，单击"多边形"按钮 ⬠	执行"polygon"命令
命令：_polygon 输入侧面数<4>：**6**↙	指定多边形的边数
指定正多边形的中心点或[边（E）]：单击一点，作为正多边形的中心点	指定多边形的中心点，并采用内接于圆或外切于圆法绘制
输入选项[内接于圆（I）/外切于圆（C）]<I>：↙	使用内接于圆法
指定圆的半径：输入半径值"10"↙	输入外接圆半径并结束命令

三、绘制椭圆

AutoCAD 提供了两种绘制椭圆的方法，我们可单击"常用"选项卡"绘图"面板中"椭圆"按钮 ⬭ 后的三角符号，在弹出的按钮列表中选择所需按钮进行绘制，如图 2-26 左图所示。

➢ **选择** ⬭ **圆心 按钮**：通过指定椭圆中心、主轴的端点以及另一个轴的半轴长度进行绘制，如图 2-26 中图所示。

➢ **选择** ⬭ **轴，端点 按钮**：通过指定主轴的两个端点和另一个轴的半轴长度进行绘制，如图 2-26 右图所示。

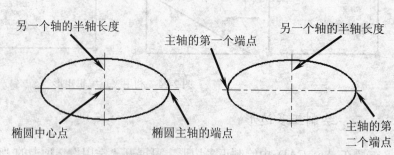

图 2-26　绘制椭圆的方法

任务实施——绘制洁具平面图

下面，我们将通过绘制图 2-27 所示的洁具平面图（不要求标注尺寸），来学习直线、矩形、圆弧和椭圆的具体绘制方法。

效果：ch02\2-2-r1.dwg
视频：ch02\2-2-r1.exe

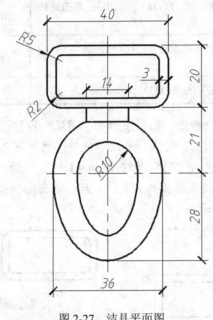

图 2-27　洁具平面图

制作思路

由于洁具图形下部分椭圆弧的中心位置是由矩形的位置所决定的，因此我们可以先绘制圆角矩形，然后再绘制由圆弧和椭圆弧组成的图形，最后绘制其他直线。绘制过程中，需要使用"修剪"命令剪掉不需要的图线。

制作步骤

步骤 1　启动 AutoCAD 2011，在"常用"选项卡的"图层"面板中单击"图层特性"按钮 ，将"0"图层的线宽设置为"0.35mm"，然后创建"轴线"图层，其颜色为"红"，线型为"CENTER"，线宽为"默认"。

步骤 2　关闭状态栏中的 栅格 开关，并确认 正交 、 对象捕捉 、 对象追踪 、 DYN 和 线宽 开关均处于打开状态。

步骤 3　在"常用"选项卡的"绘图"面板中单击"矩形"按钮 ，根据命令行提示输入"f"并按【Enter】键，然后输入圆角半径值"5"并按【Enter】键，接着在绘图区任意位置单击，确定矩形的第一个角点，输入"40，20"并按【Enter】键，确定矩形的另一个角点，结果如图 2-28 左图所示。

步骤 4　使用"偏移"命令偏移复制图形对象，具体操作方法如下。

提示与操作	说明
命令：在"常用"选项卡的"修改"面板中单击"偏移"按钮	执行"offset"命令
指定偏移距离或[通过（T）/删除（E）/图层（L）]<通过>：3✓	指定偏移距离
选择要偏移的对象，或[退出（E）/放弃（U）]<退出>：单击选择图 2-28 左图所示的圆角矩形	指定偏移对象
指定要偏移的那一侧上的点，或[退出（E）/多个（M）/放弃（U）]<退出>：在圆角矩形的内侧单击	指定偏移方向
选择要偏移的对象，或[退出（E）/放弃（U）]<退出>：✓	结束命令，结果如图 2-28 右图所示

步骤 5 在"常用"选项卡的"绘图"面板中单击"圆弧"按钮 后的三角符号，在弹出的按钮列表中选择"圆心，起点，长度"选项；捕捉图 2-29 左图所示的中点，然后竖直向下移动光标，输入"21"并按【Enter】键；移动光标，输入相对极坐标"10 < 0"，按【Enter】键指定圆弧的起点，最后输入圆弧弦长"20"并按【Enter】键，结果如图 2-29 右图所示。

图 2-28　绘制圆角矩形　　　　　　　　　　　　　图 2-29　绘制圆弧

步骤 6 在"常用"选项卡的"绘图"面板中单击"椭圆"按钮，依次捕捉并单击图 2-30 左图所示的圆心和端点，以确定椭圆的中心和轴的端点，接着竖直向下移动光标，输入"20"并按【Enter】键，结果如图 2-30 右图所示。

步骤 7 在"常用"选项卡的"修改"面板中单击"修剪"按钮，单击图 2-31 左图所示的圆弧并按【Enter】键，确定修剪边界，然后单击椭圆的上半部分并按【Enter】键，修剪结果如图 2-31 右图所示。

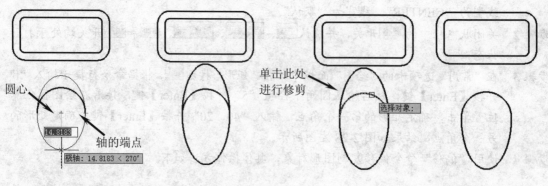

图 2-30　绘制椭圆　　　　　　　　　　　　　　图 2-31　修剪椭圆

步骤 8 在"常用"选项卡的"修改"面板中单击"偏移"按钮 🖸，输入偏移距离"8"并按【Enter】键，然后依次选取图 2-31 右图所示的圆弧和椭圆弧，并分别在其外侧单击，最后按【Enter】键结束命令，结果如图 2-32 所示。

步骤 9 在命令行中输入"L"并按【Enter】键，捕捉图 2-33 左图所示的直线 A 的中点并向左移动光标，待出现极轴追踪线时输入"7"并按【Enter】键，然后竖直向下移动光标，待与圆弧相交时单击，接着水平向右移动光标，待出现图 2-33 中图所示的"交点"提示时单击，继续竖直向上移动光标，待竖直极轴追踪线与直线 A 相交时单击，最后按【Enter】键结束命令，结果如图 2-33 右图所示。

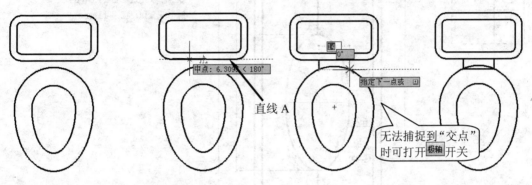

直线 A

无法捕捉到"交点"时可打开 极轴 开关

图 2-32 偏移椭圆弧和圆弧   图 2-33 绘制直线

步骤 10 在"常用"选项卡的"修改"面板中单击"修剪"按钮 ✂，单击图 2-34 左图所示的水平直线并按【Enter】键，然后单击椭圆的上半部分并按【Enter】键进行修剪，修剪结果如图 2-34 右图所示。

步骤 11 在"常用"选项卡的"图层"面板的"图层"下拉列表中选择"轴线"图层。在命令行中输入"L"并按【Enter】键，然后分别过圆弧的圆心绘制水平和垂直轴线，结果如图 2-35 所示。

步骤 12 选择"格式" > "线型"菜单，在打开的"线型管理器"对话框的"全局比例因子"编辑框中输入"0.4"并单击 确定 按钮，结果如图 2-36 所示。

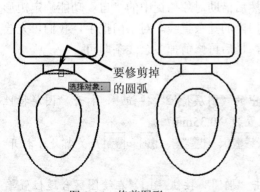
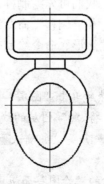
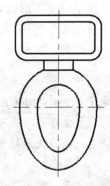

要修剪掉的圆弧

图 2-34 修剪图形   图 2-35 绘制轴线   图 2-36 调整线型比例

任务三 综合案例——绘制门立面图

通过前面的学习，相信大家对直线、圆、圆弧、矩形和正多边形等基本命令的操作方法都有了一定了解。接下来，我们通过绘制图 2-37 所示的门立面图（不要求标注尺寸），来进一步学习这些命令在实践中的应用。

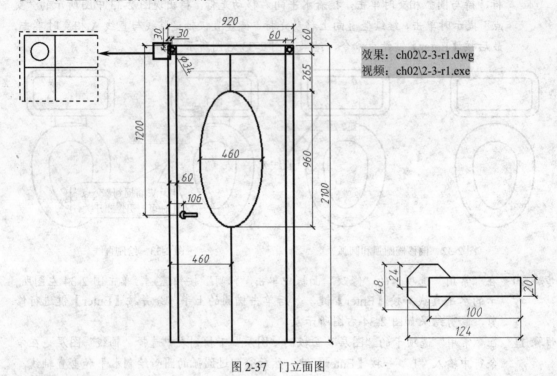

效果：ch02\2-3-r1.dwg
视频：ch02\2-3-r1.exe

图 2-37 门立面图

制作思路

观察图 2-37 所示的图形可知，该门（除门把手外）的轮廓是由矩形、直线和椭圆组成的。为了便于确定矩形的位置，我们可先绘制椭圆，然后借助对象捕捉中的"自"功能确定矩形的位置，最后使用"直线"和"偏移"命令绘制门内的其余直线。对于门把手，我们可先绘制正多边形，然后再使用"矩形"命令绘制把手，最后再修剪掉多余线条即可。

制作步骤

步骤 1 启动 AutoCAD，然后单击"图层"面板中的"图层特性"按钮 ，打开"图层特性管理器"选项板，将"0"图层的线宽设置为"0.35mm"。

步骤 2 关闭状态栏中的 册格 开关，并确认 正交 、 对象捕捉 、 对象追踪 、 DYN 和 线宽 开关都处于打开状态。

步骤 3 在"常用"选项卡的"绘图"面板中单击"椭圆"按钮 ，在绘图区合适位置单击，指定椭圆的中心，然后竖直向上移动光标，输入"480"并按【Enter】键；接着水平向右移动光标，输入"230"并按【Enter】键，结果如图 2-38 左图所示。

步骤 4 在"常用"选项卡的"绘图"面板中单击"矩形"按钮□，按住【Ctrl】键在绘图区右击鼠标，从弹出的快捷菜单中选择"自"，然后捕捉并单击椭圆的圆心，以指定临时参考点，输入"@-460，-1295"并按【Enter】键，指定矩形的左下角点；输入"920，2100"并按【Enter】键，指定矩形的右上角点，结果如图 2-38 右图所示。

步骤 5 在"常用"选项卡的"绘图"面板中单击"直线"按钮／，捕捉矩形左上角端点 A 并竖直向下移动光标，待出现追踪线时输入"60"并按【Enter】键；单击状态栏中的极轴开关，然后水平向右移动光标，待出现图 2-39 左图所示的"交点"提示时单击；最后按【Enter】键结束命令，结果如图 2-39 右图所示。

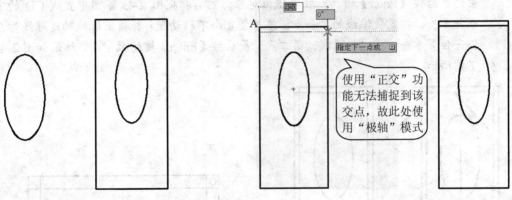

图 2-38 绘制椭圆和矩形　　　　　　　　　图 2-39 绘制水平线

> 使用"正交"功能无法捕捉到该交点，故此处使用"极轴"模式

步骤 6 按【Enter】键重复执行"直线"命令，捕捉矩形左上角端点并水平向右移动光标，待出现水平追踪线时输入"60"并按【Enter】键；竖直向下移动光标，待出现图 2-40 左图所示的"交点"提示时单击；最后按【Enter】键结束命令，结果如图 2-40 右图所示。

步骤 7 在"常用"选项卡的"修改"面板中单击"偏移"按钮，输入偏移距离"400"并按【Enter】键，然后单击上步所绘制的直线 AB 并在其右侧单击，以绘制图 2-41 左图所示的直线 CD；接着单击直线 CD 并在其右侧单击，最后按【Enter】键结束命令，结果如图 2-41 右图所示。

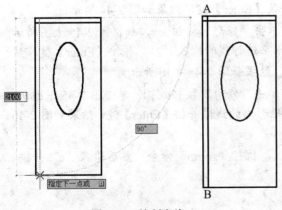

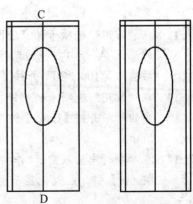

图 2-40 绘制直线 AB　　　　　　　　　图 2-41 利用"偏移"命令绘制直线

步骤 8 在"常用"选项卡的"修改"面板中单击"修剪"按钮，单击图 2-42 左图所示椭圆和直线 1，按【Enter】键以指定修剪边界，然后单击椭圆内的直线和直线 2 并按【Enter】键，修剪结果如图 2-42 右图所示。

步骤 9 在"常用"选项卡的"绘图"面板中单击"圆心，半径"按钮，按住【Ctrl】键在绘图区右击鼠标，从弹出的快捷菜单中选择"自"，然后捕捉图形的左上角端点并单击，接着输入"@30，-30"并按【Enter】键确定圆心，接着输入半径"17"并按【Enter】键，结果如图 2-43 上图所示。

步骤 10 在"常用"选项卡的"修改"面板中单击"镜像"按钮，单击选择图 2-43 上图中的圆后按【Enter】键，以指定镜像对象；然后捕捉图 2-43 下图中直线 CD 的中点并单击，指定镜像线的第一点；接着竖直向下移动光标，待出现极轴追踪线时在任一位置单击，指定镜像线的第二点；最后按【Enter】键结束命令，结果如图 2-43 下图所示。

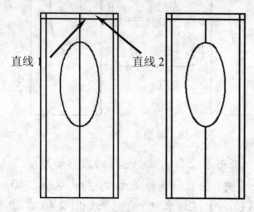

直线 1　　直线 2

图 2-42　修剪多余的线条

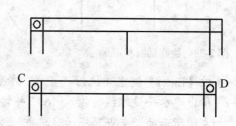

图 2-43　绘制圆并将其镜像复制

步骤 11 展开"常用"选项卡的"绘图"面板并单击"多边形"按钮，输入"8"并按【Enter】键确定多边形的边数；按住【Ctrl】键在绘图区右击，从弹出的快捷菜单中选择"自"，接着捕捉图形的左上角点并单击；输入"@106，-1200"并按【Enter】键，以确定正八边形的中心；输入"c"并按【Enter】键，指定用外切于圆的方法绘制正八边形；输入内切圆的半径值"24"并按【Enter】键，结果如图 2-44 所示。

步骤 12 在"常用"选项卡的"绘图"面板中单击"矩形"按钮，捕捉图 2-45 上图所示的端点 A 并向右移动光标，待出现水平追踪线时输入"24"并按【Enter】键，然后输入"100，20"并按【Enter】键，结果如图 2-45 下图所示。

步骤 13 在"常用"选项卡的"修改"面板中单击"修剪"按钮，单击图 2-45 下图所示的矩形并按【Enter】键，然后单击矩形内的线段并按【Enter】键，结果如图 2-46 所示。

步骤 14 在命令行中输入"z"并按【Enter】键，执行"zoom"命令，然后输入"e"并按【Enter】键，最大化显示图形。

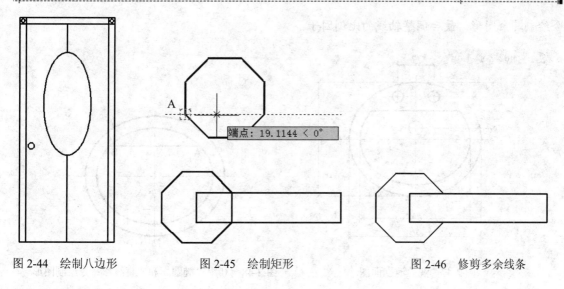

图 2-44 绘制八边形   图 2-45 绘制矩形   图 2-46 修剪多余线条

项目总结

在 AutoCAD 中，熟练掌握常用绘图命令的操作方法是快速绘制平面图形的前提。读者在学完本项目内容后，应重点注意以下几点。

➤ 读者在绘图时，一定要根据所绘图形的特点，选择最简便快捷的命令进行绘图。

➤ 要快速且精确地绘制 AutoCAD 平面图，图形分析是一个必不可少的重要环节。绘图前，一定要根据所绘图形的特点对图形进行分析，并理清绘图思路，即先绘制哪部分，再绘制哪部分，以及使用什么绘图命令等，最后再着手绘图。

➤ AutoCAD 提供的图层和捕捉、栅格、极轴、对象捕捉及对象追踪等辅助绘图功能贯穿于整个图形绘制过程中，绘图时，应灵活运用这些功能进行精确绘图。

➤ 使用 AutoCAD 绘图时，没有规定必须先绘制哪条线或是哪部分，读者可以根据自己对软件的掌握程度和自己的绘图习惯进行绘制。例如，对于一些辅助线（如轴线），可在绘图过程中随时绘制。

项目实训

一、绘制洗脸池立面图

利用"椭圆"、"圆"、"直线"及"修剪"等命令，并结合"对象捕捉"、"对象追踪"和"极轴"等辅助绘图功能绘制图 2-47 所示的洗脸池立面图（不要求标注尺寸）。

提示：

先利用"椭圆"命令 ⊙· 绘制洗脸池的外轮廓，然后再使用该命令绘制洗脸池的内部轮廓；接着使用"直线"命令 ╱ 绘制轴线及图 2-48 所示的直线 AB；执行"修剪"命令 ╫· 后按【Enter】键，接着在要修剪掉的对象上单击进行修剪；使用"圆"命令 ⊙· 和"直线"命令绘制其余图形；最后调整轴线的比例因子。

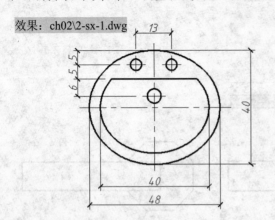

效果：ch02\2-sx-1.dwg

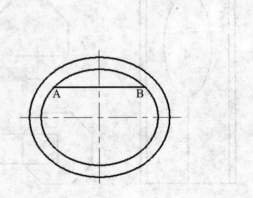

图 2-47　洗脸池立面图　　　　　　图 2-48　利用"椭圆"和"直线"命令绘制图形

二、绘制灯具平面图

利用"直线"和"矩形"命令绘制图 2-49 所示的灯具平面图（不要求标注尺寸）。

提示：

先将极轴增量角设置为 30，然后使用"直线"命令绘制长度为 323 的水平直线 AB，然后以端点 A 为临时捕捉对象，输入"@109，68"并按【Enter】键以指定 C 点；绘制直线 CD 后移动光标并捕捉 B 点，待出现图 2-50 所示的端点时单击，最后绘制其他直线。

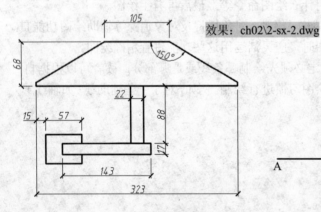

效果：ch02\2-sx-2.dwg

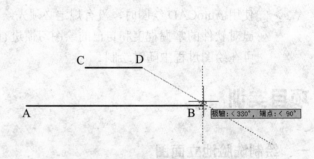

图 2-49　灯具平面图　　　　　　图 2-50　利用对象捕捉追踪绘制直线

项目考核

一、选择题

1. 在 AutoCAD 中执行某项命令时，可随时按（　　）键结束或取消命令操作。

　　A.【Esc】　　　　　B.【Enter】　　　　C.【Enter+Z】　　　D.【Shift】

2. 在绘制直线的过程中，若要撤销上一步绘制的直线段，可按（　　）键。

    A.【Esc】   B.【Enter】   C.【Enter+Z】   D.【Shift】

3. 圆弧的绘制具有一定的方向性，默认情况下，系统按（　　）方向绘制圆弧。

    A. 顺时针   B. 逆时针   C. 起点方向   D. 终点方向

4. 下列不属于绘制连接弧的方法的是（　　）。

    A. 使用"圆弧"命令绘制   B. 通过修剪圆绘制

    C. 使用"圆角"命令绘制   D. 使用"倒角"命令绘制

5. 选中使用"矩形"命令绘制的一般矩形后，利用图形上的夹点不可能将该图形编辑成为（　　）。

    A. 带圆弧的矩形 B. 圆角矩形   C. 平行四边形   D. 直角三角形

二、问答题

1. 简述执行绘图命令的几种方式。

2. 要绘制某条倾斜直线的平行线，该如何操作？

3. 简述定距等分点和定数等分点的区别。

项目三　绘制平面图形（下）

项目导读

通过项目二的学习，我们已经掌握了一些基本绘图命令。本项目中，我们将继续学习绘制建筑图形的其他常用命令，如"多线"、"多段线"、"样条曲线"等命令，以及为图形填充图案和将图形转换成面域等操作。

学习目标

- ✎ 熟悉多线样式的设置方法及多线的使用场合，并掌握多线的绘制和编辑方法。
- ✎ 了解多段线的特点及编辑方法，并能够根据绘图需要在直线和圆弧间灵活切换。
- ✎ 熟悉样条曲线的使用场合，并掌握其绘制和编辑方法。
- ✎ 了解一些常用图案的含义，并能够为图形添加合理的剖面图案。
- ✎ 了解面域的特点，并掌握其创建方法。

任务一　绘制和编辑多线

任务说明

多线是由 1～16 条平行线组成的复合线，这些平行线称为元素。在建筑制图中，墙体和窗户的平面图和剖面图通常使用多线来绘制。为了使多线中的平行线数量、颜色及各平行线间的距离符合绘图需要，在绘制多线前，应先设置多线样式。

预备知识

下面，我们通过利用"多线"命令在图 3-1 左图所示的轴线上绘制图 3-1 右图所示的墙体（要求墙体的厚度为 240），来学习多线的相关知识。

一、设置多线样式

多线的外观由多线样式决定，在多线样式中可以设定多线中线条的数量、每条线的颜色和线型，以及线间的距离等，还可以指定多线起点和端点的样式。默认情况下，多线样式为"Standard"，包含 2 个元素，读者也可根据需要新建多线样式，其操作方法如下。

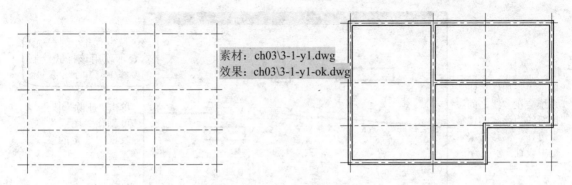

素材：ch03\3-1-y1.dwg
效果：ch03\3-1-y1-ok.dwg

图 3-1　绘制多线

步骤 1　打开本书配套光盘中的"素材" > "ch03" > "3-1-y1.dwg"文件，然后选择"格式" >
"多线样式"菜单，打开"多线样式"对话框，如图 3-2 所示。

> **提示**　利用图 3-2 所示的对话框中的相关按钮可以新建、修改、删除和重命名多线样式，也可以将选中的样式设置为当前样式，但无法删除、重命名当前样式和包含绘图元素的样式，也无法对包含绘图元素的多线样式进行修改。

步骤 2　单击该对话框中的 ＿新建(N)...＿按钮，在打开的"创建新的多线样式"对话框中输入
新样式名"wall-1"，如图 3-3 所示。

可在此处查看多
线的设置效果

图 3-2　"多线样式"对话框　　　　　图 3-3　"创建新的多线样式"对话框

步骤 3　单击 ＿继续＿按钮，打开"新建多线样式：WALL-1"对话框。单击选中"封口"
选项组中"直线"右侧的"起点"和"端点"复选框，然后在"图元"设置区中单
击选中偏移值为"0.5"的元素，接着在"偏移"编辑框中输入"120"；在图元列表

中单击选中偏移值为"－0.5"的元素，接着在"偏移"编辑框中输入"－120"，如图 3-4 所示。

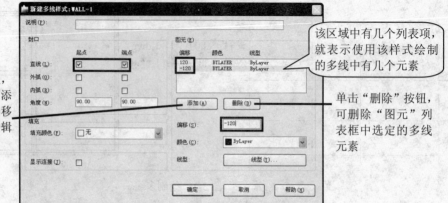

单击"添加"按钮，系统会在多线之间添加新线，该线的偏移量可在"偏移"编辑框中设置

该区域中有几个列表项，就表示使用该样式绘制的多线中有几个元素

单击"删除"按钮，可删除"图元"列表框中选定的多线元素

图 3-4 "新建多线样式：WALL-1"对话框

"新建多线样式"对话框中部分选项的作用如下。

➢ **封口**：控制多线起点和端点的封口方式。其中，选中"直线"右侧的复选框，表示用直线来封闭多线的起点和端点；选中"外弧"右侧的复选框，表示用圆弧连接最外层元素的端点；选中"内弧"右侧的复选框，表示用圆弧连接成对的内部元素，若有奇数个元素，则靠近中间位置（包括中间位置）处的元素不连接，如图 3-5 所示。

直线封口　　　　　外弧封口　　　　有 4 个元素的内弧封口　　有 5 个元素的内弧封口

图 3-5 设置封口样式后的多线

➢ **填充颜色**：设置多线的背景色。设置完成后，我们无法在"多线样式"对话框的多线效果预览区中看到背景色设置效果，而只能在绘制多线时看到，如图 3-6 左图所示。

➢ **显示连接**：单击选中"显示连接"复选框后，将在折线处显示直线连接，如图 3-6 右图所示。

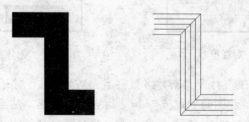

图 3-6 设置"填充颜色"和"显示连接"后的多线

➤ **图元**：该设置区的列表区显示了多线元素的偏移值、颜色和线型特性，添加(A) 和 删除(D) 按钮用于增加和删除多线元素，下方的"偏移"编辑框用于为选定的多线元素指定偏离多线中心的距离；"颜色"列表框和 线型(T)... 按钮用于重新设置选定元素的颜色和线型（默认线型为"Continuous"）。

> 在图3-4所示的对话框的"图元"列表框中，系统会自动根据各元素的偏移值按由大到小重新排序，且每两个相邻选项的偏移值的差为这两条平行线间的距离。
>
> 利用图3-4所示的对话框中的"颜色"列表框和 线型(T)... 按钮重新设置多线元素的颜色和线型后，这些属性将不随图层颜色和线型的改变而改变（除"ByLayer"颜色和"ByLayer"线型外）。

步骤 4　单击 确定 按钮，返回"多线样式"对话框，单击 置为当前(U) 按钮，将"wall-1"样式设置为当前样式。

二、绘制多线

按照上面的步骤设置完多线样式后，接下来我们就来绘制图 3-1 右图所示的图形，具体操作步骤如下。

步骤 1　选择"绘图">"多线"菜单，或在命令行中输入"ml"并按【Enter】键，此时系统将提示"指定起点或[对正（J）/比例（S）/样式（ST）]:"。接下来，可根据绘图需要设置多线的对正方式、比例和样式。

命令行提示的"对正（J）/比例（S）/样式（ST）"的意义如下。

➤ **对正**：设置多线的对正方式。多线有 3 种对正方式，即上对正、无和下对正，如图 3-7 左图所示，默认为上对正。值得注意的是，此处的对正是相对于多线的起点位置而言的。

➤ **比例**：设置多线的比例。即按所设置的比例，将各多线元素间的间距进行放大或缩小，但对多线元素的线型比例无效。默认情况下，多线比例为 20，如图 3-7 右图所示。

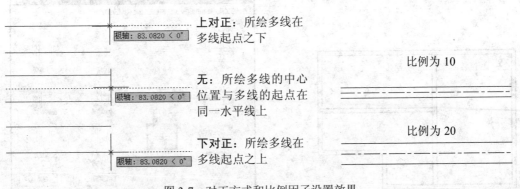

图 3-7　对正方式和比例因子设置效果

➤ **样式**：设置多线的样式。选择该选项，可直接输入要使用的多线样式名称，或在命令行中输入"？"并按【Enter】键，此时命令行中将列出该文件中的所有多线样式并打开"AutoCAD 文本窗口"对话框。用户可根据需要输入所需样式名称。

步骤 2 在命令行中输入"j"并按【Enter】键，设置对正方式，然后输入"z"并按【Enter】键，设置无对正方式；输入"s"并按【Enter】键，设置多线比例，接着输入"1"并按【Enter】键，设置比例为 1。

步骤 3 捕捉图 3-8 左图中的交点 A 并单击，确定多线的起点，然后依次捕捉并单击交点 B、G、F、J 和交点 H，最后输入"c"，按【Enter】键结束命令，结果如图 3-8 右图所示。

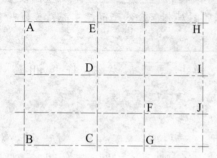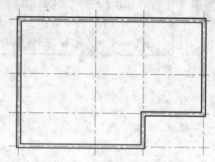

图 3-8 绘制多线

步骤 4 按【Enter】键重复执行"多线"命令，采用同样的方法依次捕捉并单击图 3-8 左图中的交点 E 和交点 C，按【Enter】键结束命令；再次执行"多线"命令，依次单击交点 D 和交点 I，最后按【Enter】键结束命令，结果如图 3-9 所示。

三、编辑多线

绘制完多线后，我们还可以根据需要对多线的接口进行编辑，具体的操作步骤如下。

步骤 1 选择"修改">"对象">"多线"菜单，或双击绘图区中的任一多线对象，系统将自动弹出图 3-10 所示的"多线编辑工具"对话框。

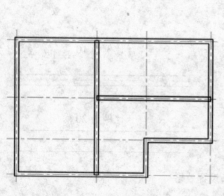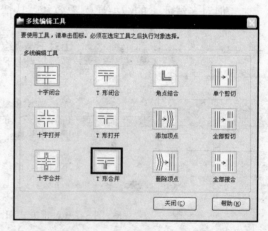

图 3-9 继续绘制多线　　　　图 3-10 "多线编辑工具"对话框

步骤 2 单击"多线编辑工具"对话框中的"T 形合并"按钮，然后单击选择图 3-11 左图所示的多线 1，接着单击选择多线 2，结果如图 3-11 图所示。

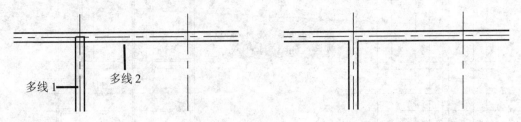

多线 1　多线 2

图 3-11　编辑多线

步骤 3　依次选择其余 3 组要编辑的多线，编辑结束后按【Enter】键退出编辑状态，结果如图 3-12 所示。

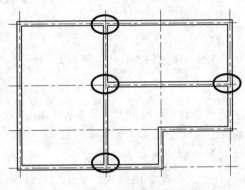

图 3-12　编辑其余多线

提示

　　在编辑多线的接口时，一定要在要编辑的接口附近单击选择要编辑的多线，否则，可能会出现意想不到的效果。

　　此外，若一条多线在某处断开，可单击图 3-10 所示的"多线编辑工具"对话框中的"全部接合"按钮，然后依次在断开的两端点处单击，可使其成为一条完整的多线。

任务实施——绘制两室一厅平面图

下面，我们将通过在图 3-13 左图的基础上绘制图 3-13 右图所示的两室一厅平面图（要求外墙的厚度为 240，内墙的厚度为 120），来进一步学习多线的绘制和编辑方法。

制作思路

由已知条件和图 3-13 右图所示可知，该两室一厅平面图包括外墙、内墙和窗户 3 部分，因此需要创建 3 种多线样式。创建完多线样式后，在图 3-13 左图轴线的基础上绘制多线，最后对多线进行编辑。

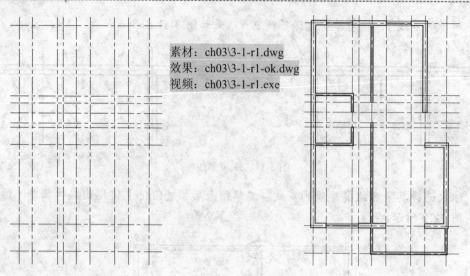

素材：ch03\3-1-r1.dwg
效果：ch03\3-1-r1-ok.dwg
视频：ch03\3-1-r1.exe

图 3-13　绘制两室一厅平面图

制作步骤

步骤 1　打开本书配套光盘中的"素材" > "ch03" > "3-1-r1.dwg" 文件。选择"格式" > "多线样式"菜单，打开"多线样式"对话框，然后单击 新建(N)… 按钮，在打开的"创建新的多线样式"对话框中输入新样式名"窗子"。

步骤 2　单击 继续 按钮，打开"新建多线样式：窗子"对话框。单击选中"封口"选项组中"直线"右侧的"起点"和"端点"复选框，然后在"图元"列表中单击选中偏移值为"0.5"的元素，接着在"偏移"编辑框中输入"120"；在图元列表中选中偏移值为"－0.5"的元素，在"偏移"编辑框中输入"-120"。

步骤 3　单击 添加(A) 按钮，此时系统自动创建一个偏移量为"0"的元素，接着在"偏移"编辑框中输入"40"，其余采用默认设置。按照相同的方法创建偏移量为"-40"的元素，如图 3-14 所示。单击 确定 按钮，返回"多线样式"对话框。

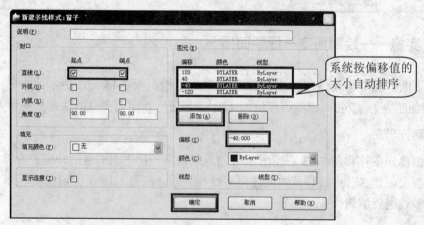

图 3-14　"新建多线样式：窗子"对话框

步骤 4　按照相同的方法创建以下多线样式，最后选中"墙体-240"样式并单击 置为当前(U) 按钮，将其设置为当前样式。

样式名	封口		图元		
	起点	终点	偏移	颜色	线型
墙体-240	直线	直线	120 −120	ByLayer	ByLayer
墙体-120	直线	直线	60 −60	ByLayer	ByLayer

步骤 5　创建"墙体"图层，其线宽为"0.7"，并将该图层设置为当前图层。

步骤 6　选择"绘图" > "多线"菜单，在命令行中输入"j"并按【Enter】键，然后输入"z"并按【Enter】键，指定对正方式；输入"s"并按【Enter】键，然后输入"1"并按【Enter】键，设置比例为1。

步骤 7　根据命令行提示，依次捕捉并单击图 3-15 所示的交点 A～G（共 7 个交点），最后按【Enter】键结束命令，结果如图 3-15 所示。

> 　　若所绘制的多线显示太粗，可右击状态栏中的 线宽 开关按钮，在弹出的快捷菜单中选择"设置"选项，然后在打开的"线宽设置"对话框中将"调整显示比例"设置区中的滑块向左拖动，以调整线宽的显示效果。绘图过程中，读者可根据绘图习惯关闭或打开 线宽 开关。

步骤 8　按【Enter】键重复执行"多线"命令，在命令行中输入"st"并按【Enter】键，然后输入多线样式"墙体-120"并按【Enter】键，将其设置为当前样式。依次捕捉并单击图 3-16 所示的交点 H、I、J 和 K（此处的交点为轴线与轴线的交点），最后按【Enter】键，结果如图 3-16 中的多线 1。

> 　　执行"多线"命令后，若要将某个多线样式设置为当前样式，除了在命令行中输入该样式的名称外，还可以先选择"格式" > "多线样式"菜单，然后在打开"多线样式"对话框中选择要设置的样式名称并单击 置为当前(U) 按钮，然后重新执行"多线"命令。

步骤 9　按【Enter】键重复执行"多线"命令，采用系统默认的当前样式"墙体120"，依次捕捉并单击所需交点（轴线的交点），绘制图 3-16 所示的多线 2。

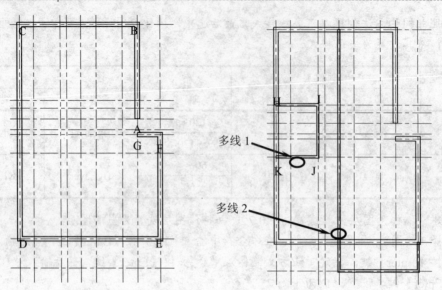

图 3-15 使用"墙体 240"多线样式绘制多线   图 3-16 使用"墙体 120"多线样式绘制多线

步骤 10 双击绘图区中的任一多线，然后在打开的"多线编辑工具"对话框中单击"十字合并"按钮，接着单击选择图 3-17 中的两条多线，最后按【Enter】键，结束命令。

步骤 11 按【Enter】键重复打开"多线编辑工具"对话框，单击其中的"T 形合并"按钮，然后单击选择图 3-17 中的多线 1 后接着选择多线 2；单击多线 3 后单击多线 2；单击多线 4 后单击多线 5；单击多线 6 后单击多线 7；最后按【Enter】键，结束对多线的编辑。

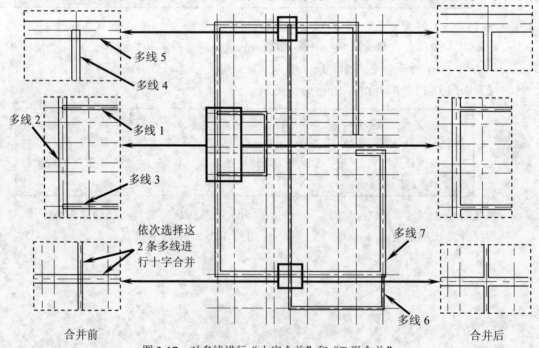

图 3-17 对多线进行"十字合并"和"T 形合并"

在对多线的接口进行"T形合并"编辑时，一定要注意多线的选择顺序，否则有可能生成其他结果。

在编辑多线的接口过程中，可随时按【Ctrl+Z】组合键取消上一步所合并的效果，然后单击要合并的多线重新合并。

步骤 12 在"常用"选项卡的"修改"面板中单击"修剪"按钮/--▪，然后按【Enter】键，以指定全部对象为修剪边界，依次单击图 3-18 所示的箭头处的多线，以修剪掉不需要的对象，结果如图 3-18 所示。

步骤 13 选择"格式" > "多线样式"菜单，在打开的"多线样式"对话框中选择"窗子"样式，单击 置为当前(U) 按钮将此样式设置为当前样式。

步骤 14 将"0"图层设置为当前图层，然后选择"绘图" > "多线"菜单，根据绘图需要依次绘制图 3-19 所示的多线 AB、CD 和 EF。

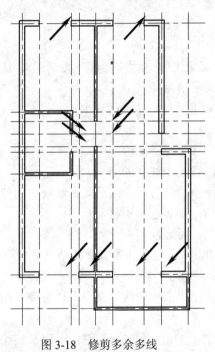
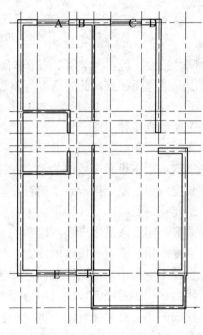

图 3-18 修剪多余多线　　　　图 3-19 利用"窗子"多线样式绘制多线

任务二 绘制和编辑多段线

任务说明

为了提高绘图效率，在使用 AutoCAD 绘制图形时，我们可使用"多段线"命令绘制既有直线又有圆弧的图形。

预备知识

一、绘制多段线

多段线是由相连的直线段和弧线组成的，其主要特点如下。

① 由于多段线可以同时包含直线段和弧线段，因此，多段线通常用于绘制既有直线又有圆弧的图形，如图 3-20 左图所示。

② 由于多段线中每段直线或弧线的起点和终点的宽度可以任意设置，因此，可使用多段线绘制一些特殊符号，如图 3-20 右图所示。

图 3-20　多段线的用途

要绘制多段线，可在"常用"选项卡的"绘图"面板中单击"多段线"按钮，然后在绘图区单击一点作为起点，此时命令行将显示如下提示信息：

指定下一个点或[圆弧（A）/半宽（H）/长度（L）/放弃（U）/宽度（W）]：

这些选项的意义如下：

➤ **圆弧**：用于绘制圆弧，并显示一些提示选项（参见下面内容）。

➤ **半宽**：用于设置多段线的半宽（即所输入的数值为线宽的一半）。

➤ **长度**：用于绘制指定长度的直线段。如果前一段是直线，则沿此直线段的延伸方向绘制指定长度的直线段；如果前一段是圆弧，则该选项不显示。

➤ **放弃**：用于取消上一步所绘制的一段多段线，可逐次回溯。

➤ **宽度**：用于设定多段线的线宽，默认值为 0。多段线的初始宽度和结束宽度可分别设置不同的值，从而绘制出诸如箭头之类的图形。

➤ **闭合**：用于封闭多段线（用直线或圆弧）并结束"多段线"命令，该选项从指定多段线的第三点时才开始出现。

指定多段线的第一点后，接着在命令行中输入"a"并按【Enter】键，可切换到绘制圆弧模式。此时，系统将给出如下提示：

指定圆弧的端点或[角度（A）/圆心（CE）/方向（D）/半宽（H）/直线（L）/半径（R）/第二个点（S）/放弃（U）/宽度（W）]：

其中，部分选项的功能如下：

➤ **角度**：指定圆弧圆心分别与圆弧起点和端点连线的夹角，顺时针为负，逆时针为正。

➤ **方向**：指定圆弧起点的切线方向。

➤ **半宽和宽度**：设置圆弧多段线的半宽和全宽。

➤ **直线**：切换到绘制直线模式。

➤ **第二个点**：可依次指定要绘制圆弧的第二点和端点。

➤ **闭合**：该选项只有在指定多段线上的两个点后才出现，一般用于绘制封闭的多段线。

例如，要使用"多段线"命令绘制图 3-21 所示图形（要求多段线的宽度为 2），可按如下步骤操作。

步骤 1 在"常用"选项卡的"绘图"面板中单击"多段线"按钮，在绘图区的合适位置单击确定多段线的起点；输入"w"并按【Enter】键，输入"2"并按【Enter】键，确定多段线的起点宽度；采用默认的端点宽度"2"并按【Enter】键。

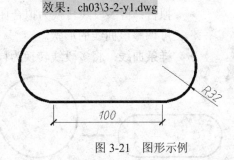

效果：ch03\3-2-y1.dwg

图 3-21 图形示例

步骤 2 水平向右移动光标，输入"100"并按【Enter】键，确定直线的长度；输入"a"并按【Enter】键，进入"圆弧"模式；竖直向下移动光标，待出现图 3-22 左图所示的极轴追踪线时输入"64"并按【Enter】键，确定圆弧的直径。

步骤 3 输入"L"并按【Enter】键，重新进入"直线"模式，将光标移至多段线的起点处，捕捉该端点并向下移动光标，待出现图 3-22 右图所示的极轴追踪线时单击，确定直线段的长度。

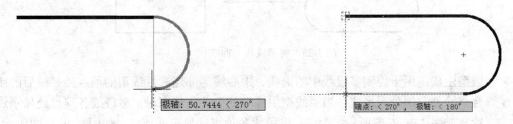

图 3-22 利用对象捕捉和对象追踪辅助手段绘制图形

步骤 4 输入"a"并按【Enter】键，进入"圆弧"模式，根据命令行提示输入"cl"并按【Enter】键，使用圆弧封闭多段线并退出"多段线"命令，结果如图 3-21 所示。

二、编辑多段线

要编辑多段线，可双击要编辑的对象，或选择多段线后右击，从弹出的快捷菜单中选择"多段线">"编辑多段线"命令，此时，命令行将给出如下提示：

输入选项[打开（O）/合并（J）/宽度（W）/编辑顶点（E）/拟合（F）/样条曲线（S）/非曲线化（D）/线型生成（L）/反转（R）/放弃（U）]：

其中，部分选项的功能如下。

➤ **打开**：可按多段线的绘制顺序删除最后一次绘制的线段。如果所选多段线为开放的多段线，则命令行中出现"闭合"选项，选择该选项，系统将自动使用直线或圆弧（取决于该多段线的最后一条线段的线条形式）封闭多段线。

➤ **合并**：以指定的多段线为主体，将与该多段线具有公共端点的直线、圆弧或多段线合并，使其成为一个多段线对象。

- ➤ **宽度**：设置多段线的宽度。
- ➤ **编辑顶点**：选择该选项，可根据命令行提示移动多段线的顶点标记、打断多段线、通过插入或拉伸顶点绘制或删除多线段。
- ➤ **拟合**：将多段线转换为拟合曲线，如图 3-23 所示。选中转换后的曲线，利用其夹点可调整该曲线的形状。
- ➤ **样条曲线**：将多段线转换为样条曲线，如图 3-24 所示。

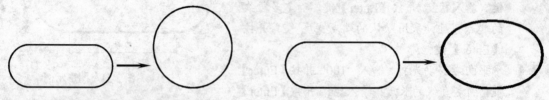

图 3-23　将多段线转换为拟合曲线　　　　图 3-24　将多段线转换为样条曲线

- ➤ **非曲线化**：将多段线中的所有圆弧和样条曲线转换为直线，使生成的多段线中只含有直线段，如图 3-25 所示。

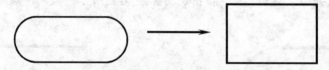

图 3-25　将多段线非曲线化

- ➤ **线型生成**：用于控制多段线中的虚线、中心线等非连续性线型的顶点处（最后的闭合点除外）的外观形式。当"线型生成"处于关闭状态时，多段线各顶点处显示连续，如图 3-26 左图所示；否则，多段线各顶点处显示非连续，如图 3-26 右图所示。

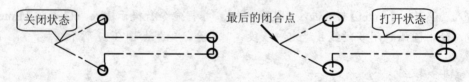

图 3-26　线型生成开关效果

除了上述编辑功能外，还可以利用多段线上的夹点修改其形状。例如，单击选取图 3-27 中图所示的多段线图形，然后将光标移至图中的▬或■夹点上（不单击），可在出现的菜单中选择所需命令以修改图形的形状，如图 3-27 所示。

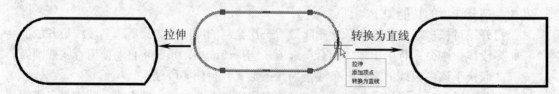

图 3-27　利用多段线上的夹点调整图形

任务实施——绘制钢筋详图

在学习了多段线的绘制和编辑方法后，接下来，我们将通过绘制图 3-28 所示的钢筋详图，来进一步学习多段线的绘制方法。

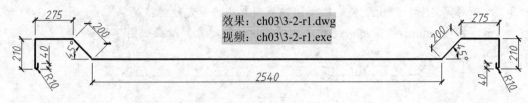

效果：ch03\3-2-r1.dwg
视频：ch03\3-2-r1.exe

图 3-28 钢筋详图

制作思路

该钢筋详图是由直线和圆弧构成的，因此可用"多段线"命令来绘制。由于该图形左右对称，因此可先用"多段线"命令绘制钢筋的左半部分，然后使用"镜像"命令镜像复制得到右半部分。

制作步骤

步骤 1 启动 AutoCAD，在"常用"选项卡的"图层"面板中单击"图层特性"按钮 ，在打开的"图层特性管理器"选项板中将"0"图层的线宽设置为"0.35mm"。

步骤 2 关闭状态栏中的 栅格 开关，并确认 极轴 、 对象捕捉 、 对象追踪 、 DYN 和 线宽 开关均处于打开状态，然后右击 极轴 开关按钮，在弹出的下拉列表中选择"45"。

步骤 3 在"常用"选项卡的"绘图"面板中单击"多段线"按钮 ，在绘图区的合适位置单击确定多段线的起点，然后水平向左移动光标，输入"1270"并按【Enter】键，确定多段线的长度。

步骤 4 向左上方移动光标，待出现 135° 追踪线时输入"200"并按【Enter】键；然后水平向左移动光标，输入"275"并按【Enter】键，确定水平多段线的长度，如图 3-29 所示。

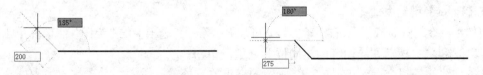

图 3-29 绘制多段线

步骤 5 竖直向下移动光标，输入"200"并按【Enter】键，然后根据命令行提示输入"a"并按【Enter】键，进入"圆弧"模式，然后水平向右移动光标，输入"20"并按【Enter】键，确定圆弧的直径，如图 3-30 所示。

图 3-30 继续绘制多段线

步骤 6 输入 "L" 并按【Enter】键，重新进入 "直线" 模式，然后竖直向上移动光标，输入 "30" 并按【Enter】键，绘制竖直直线，最后按【Enter】键结束命令。

步骤 7 在 "常用" 选项卡的 "修改" 面板中单击 "镜像" 按钮，单击选取多段线并按【Enter】键，确定要镜像的对象；捕捉并单击多段线的右端点，确定镜像线的第一点；竖直向下移动光标，待出现竖直极轴追踪线时单击，确定镜像线的第二点，如图 3-31 所示；按【Enter】键采用系统默认的保留镜像源对象，结果如图 3-28 所示。

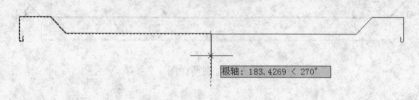

图 3-31　镜像复制多段线

任务三　绘制和编辑样条曲线

任务说明

样条曲线是连接控制点之间的一种光滑曲线，主要用于绘制形状不规则的曲线，如波浪线和装饰图案等。

预备知识

一、绘制样条曲线

样条曲线的形状是由绘图时所指定的点的位置来确定的。在绘制样条曲线的过程中，可随时按【Enter】键结束命令。

例如，要绘制图 3-32 所示的样条曲线，可展开 "常用" 选项卡的 "绘图" 面板并单击 "样条曲线" 按钮，然后在绘图区的不同位置处依次单击，以指定样条曲线的各拟合点，如在图 3-32 所示的夹点位置处单击，最后按【Enter】键结束命令。

拟合点

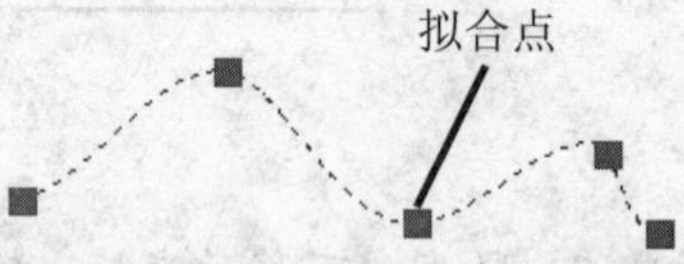

图 3-32　样条曲线及拟合点

二、编辑样条曲线

如果所绘制的样条曲线的形状和长度不合适，我们可先选中要编辑的样条曲线，然后按照以下两种方法来调整：

➢ **调整拟合点**：若直接单击并拖动夹点（拟合点■），可通过拉伸的方式调整该曲线的形状；若将光标移至其中的任一夹点上，可在出现的快捷菜单中选择 "添加拟合点" 或 "删除拟合点" 选项来增加或删除该曲线上的拟合点，如图 3-33 所示。

> ➤ **调整控制点**：单击样条曲线中的 ▽ 夹点，可在出现的菜单中选择"显示控制点"选项。此时，利用样条曲线上的各控制点可调整其形状，其操作方法与使用拟合点调整相同，如图 3-34 所示。

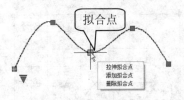

图 3-33　拖动夹点调整样条曲线

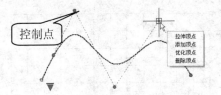

图 3-34　拖动控制点调整样条曲线

任务实施——绘制石作雕花大样

下面，我们将通过绘制图 3-35 所示的石作雕花大样，来学习样条曲线的绘制方法。

素材：ch03\3-3-r1.dwg
效果：ch03\3-3-r1-ok.dwg
视频：ch03\3-3-r1.exe

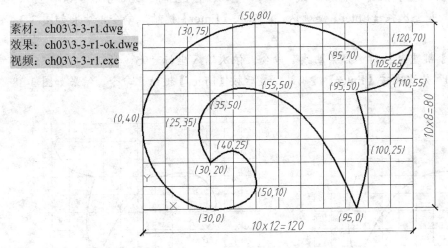

图 3-35　石作雕花大样

制作思路

由图 3-35 可知，该图形是由样条曲线构成，且各拟合点的坐标已给出，因此，我们可通过输入样条曲线上各拟合点的坐标值来绘制图形。

制作步骤

步骤 1　打开本书配套光盘中的"素材" > "ch03" > "3-3-r1.dwg"文件，如图 3-36 所示。关闭状态栏中的 DYN 开关，并确认 对象捕捉 和 线宽 开关处于打开状态。

步骤 2　在"常用"选项卡的"图层"面板中单击"图层特性"按钮 ，在打开的"图层特性管理器"选项板中将"0"图层的线宽设置为"0.35mm"。

步骤 3　选择"工具" > "新建 UCS" > "原点"菜单，然后捕捉图形的左下角点并单击，将坐标系原点置于此处。

步骤 4　展开"常用"选项卡的"绘图"面板并单击"样条曲线"按钮 ，然后输入"30，

20" 并按【Enter】键，确定样条曲线的第一点；输入 "25，35" 并按【Enter】键，确定第二点；采用同样的方法依次输入 "35，50"、"55，50"、"95，0"，并逐次按【Enter】键确认所输入的坐标，最后按【Enter】键结束命令，结果如图 3-37 所示。

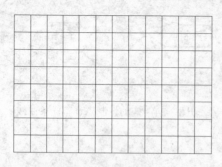

图 3-36　源图形　　　　　　　　　　图 3-37　绘制样条曲线

步骤 5　按【Enter】键重复执行 "样条曲线" 命令，依次输入坐标 "95，0"、"100，25"、"95，50" 并逐次按【Enter】键确认，最后按【Enter】键结束命令，结果如图 3-38 左图所示。

步骤 6　按【Enter】键重复执行 "样条曲线" 命令，依次输入坐标 "95，50"、"110，55"、"120，70" 并逐次按【Enter】键确认，最后按【Enter】键结束命令，结果如图 3-38 右图所示。

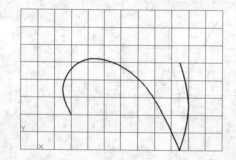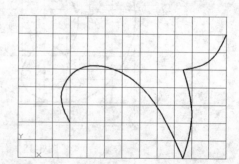

图 3-38　继续绘制样条曲线

步骤 7　采用同样的方法重复执行 "样条曲线" 命令，依次输入坐标 "120，70"、"105，65"、"95，70"、"50，80"、"30，75"、"0，40"、"30，0"、"50，10"、"40，25"、"30，20" 并逐次【Enter】键绘制其他曲线并结束命令，结果如图 3-35 所示。

任务四　创建和编辑剖面图案及面域

任务说明

利用 AutoCAD 提供的 "图案填充" 命令不仅可以为图形填充背景色，还可以为剖面图添加所需要的建筑材料。此外，利用 "面域" 命令可以将具有封闭边界的图形转换为面域，也可以通过对面域进行并集、差集和交集运算来创建复杂图形。下面，我们就来学习这些命令的具体操作方法。

预备知识

一、创建和编辑剖面图案

在创建剖面图案之前，我们首先应设置填充图案的样式、比例和角度等。下面，我们通过在图 3-39 左图所示的指定位置绘制剖面图案（结果参见图 3-39 右图），来讲解创建剖面图案的具体操作步骤。

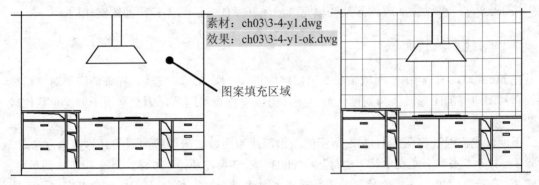

素材：ch03\3-4-y1.dwg
效果：ch03\3-4-y1-ok.dwg

图案填充区域

图 3-39 使用"图案填充"命令绘制剖面图案

步骤 1 打开本书配套光盘中的"素材" > "ch03" > "3-4-y1.dwg"文件，在"常用"选项卡的"绘图"面板中单击"图案填充"按钮⊞，此时系统将打开"图案填充创建"选项卡，如图 3-40 所示。

图 3-40 "图案填充创建"选项卡

图 3-40 所示的"图案填充创建"选项卡中，部分面板的作用如下：

➤ **边界**：该面板主要用于选择要填充图案的区域及对象。其中，单击"拾取点"按钮⊞，然后在要填充图案的封闭区域内单击，此时系统将自动搜索填充区域；单击"选择"按钮⊞，可利用鼠标依次选取要填充区域的边线，此时系统将在所选边线间填充图案。

➤ **图案**：该面板列出了剖面图案的种类。单击面板右下角的⊟按钮，可显示更多剖面图案。

➤ **特性**：用于设置图案填充的颜色，以及剖面线的角度、透明度和比例等。

步骤 2 单击"图案"面板右下角的⊡按钮，在展开的列表框中选择"ANSI37"图案；然后在"特性"面板中的"角度"编辑框中输入"45"；接着在"填充图案比例"编辑框⊡中输入"80"。

步骤 3 设置好图案的特性后，单击"拾取点"按钮，然后在图 3-39 左图所示的区域内单击，以指定填充区域，最后按【Enter】键结束命令，结果如图 3-39 右图所示。

> 绘制剖面图案时，"特性"面板的"填充图案比例"编辑框⊡中的值越小，图案就越密，反之则越疏。

要编辑剖面图案，可选中已创建的图案，然后在出现的"图案填充编辑器"选项卡中可修改图案的填充区域、类型、颜色、角度和比例等，单击该选项卡中的"选择"按钮和"删除"按钮，还可以添加或删除某些填充区域，其操作方法与创建剖面图案相同。

二、创建和编辑面域

在 AutoCAD 中，利用"面域"命令可以将由直线、圆弧、多段线、样条曲线等对象组成的具有封闭边界的图形转换为封闭区域。面域可以进行布尔运算，因此常用于创建形状比较复杂的图形。

下面，我们通过将图 3-41 左图所示的图形创建为面域，来讲解面域的具体操作方法。

步骤 1 打开本书配套光盘中的"素材" > "ch03" > "3-4-y2.dwg"文件，如图 3-41 左图所示。

步骤 2 展开"常用"选项卡的"绘图"面板并单击"面域"按钮◙，然后采用窗交方式选取要创建面域的所有对象，如图 3-41 中图所示。

步骤 3 按【Enter】键结束对象的选取，此时系统将自动创建 2 个面域，如图 3-41 右图所示。

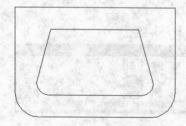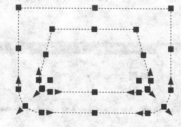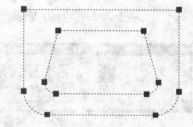

图 3-41 创建面域

创建面域后，原来的封闭边界线被组合成一个整体。创建面域后，虽然表面上看不出与原图的区别，但是单击图形后，通过夹点可以看出两者的不同之处。

> 面域是一种比较特殊的对象，用户只能对其进行移动、复制、缩放、填充图案和进行布尔运算等操作，而无法对其执行一些如改变形状、偏移复制等操作。

要对面域进行布尔运算（即并集、差集及交集），可选择"修改" > "实体编辑"菜单中的"并集"、"差集"或"交集"命令，然后根据命令行提示依次选择要进行操作的对象，其运算效果如图 3-42 所示。

图 3-42　面域的 3 种布尔运算

对面域进行布尔运算时应注意以下几点。

➤ 对面域求并集时，即使所选面域并未相交，也可将所选面域合并为一个整体。

➤ 对面域求差集时，如果所选面域并未相交，所有要减去的面域将被删除。

➤ 对面域求交集时，如果所选面域并未相交，将删除所有选择的面域。

任务实施——绘制地漏平面图

下面，我们将通过绘制图 3-43 所示的地漏平面图，来学习图案填充和面域的相关知识。

效果：ch03\3-4-r1.dwg
视频：ch03\3-4-r1.exe

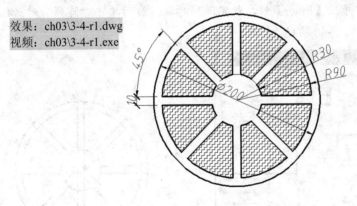

图 3-43　绘制地漏平面图

制作思路

要绘制图 3-43 所示的地漏平面图，可首先绘制一组同心圆，然后绘制一个矩形，接着依次利用"阵列"命令绘制其余矩形，将所有图形转换成面域，利用差集运算生成图形，最后为图形填充图案。

制作步骤

步骤 1　启动 AutoCAD，关闭状态栏中的 栅格 开关，并确认 正交 、 对象捕捉 、 对象追踪 、 DYN 和 线宽 开关均处于打开状态。

步骤 2　在"常用"选项卡的"图层"面板中单击"图层特性"按钮 ，然后将"0"图层的线宽设置为"0.35mm"；接着创建"剖面线"图层，其颜色为"青"，线宽为"默认"。

步骤 3 在"常用"选项卡的"绘图"面板中单击"圆心，半径"按钮 ⊙，绘制图 3-44 所示的 3 个同心圆，其半径分别为 30、90 和 100。

步骤 4 单击"绘图"面板中的"矩形"按钮 ▢，捕捉图 3-45 左图所示的象限点并水平向左移动光标，待出现水平追踪线时输入值"5"并按【Enter】键，接着输入"10，-200"并按【Enter】键，确定矩形另一角点，如图 3-45 右图所示。

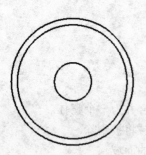
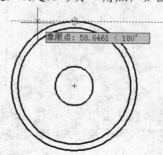
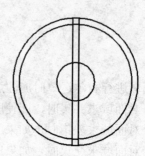

图 3-44　绘制同心圆　　　　　　　　　　　　图 3-45　绘制矩形

步骤 5 单击"修改"面板中的"阵列"按钮 ▦，打开"阵列"对话框。选中 ⊙环形阵列(P) 单选钮，将"项目总数"设置为 4，"填充角度"设置为 135；单击"拾取中心点"按钮 ▦，然后拾取圆心，系统自动返回到"阵列"对话框。单击"选择对象"按钮 ▦，然后单击选择矩形并按【Enter】键，确定阵列对象，最后单击"阵列"对话框中的 ▭确定 按钮，如图 3-46 所示。

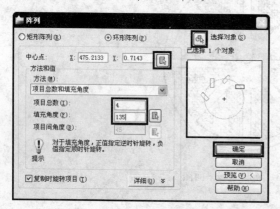

图 3-46　利用"阵列"命令绘制其余矩形

步骤 6 单击"绘图"面板中的"面域"按钮 ◎，采用窗交方式选中全部对象并按【Enter】键，将图形转换为 7 个面域。

步骤 7 选择"修改" > "实体编辑" > "差集"菜单，选择半径为 90 的圆并按【Enter】键，确定被减去的对象，然后选择所有矩形并按【Enter】键，确定要减去的对象，结果如图 3-47 左图所示。

步骤 8 按【Enter】键重复执行"差集"命令，在图 3-47 左图所示的面域内单击，按【Enter】键后选择半径为 30 的圆，接着按【Enter】键指定要减去的面域，结果如图 3-47 右图所示。

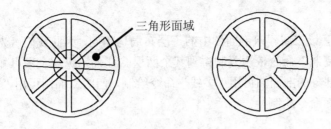

图 3-47　执行差集运算

步骤9 将"剖面线"图层设置为当前图层。在"常用"选项卡的"绘图"面板中单击"图案填充"按钮，然后单击"图案"面板右下角的按钮，在弹出的下拉列表中选择"ZIGZAG"选项，如图 3-48 左图所示，接着在要填充的 8 个封闭区域内单击，采用系统默认的角度和比例，最后按【Enter】键结束命令，结果如图 3-48 右图所示。

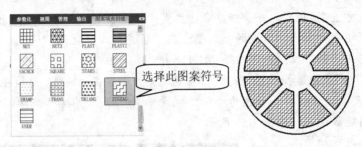

图 3-48　填充图案

任务五　综合案例——绘制三层建筑剖面图

至此，我们已经学习了 AutoCAD 中的大部分绘图命令。下面，我们将通过绘制图 3-49 所示的三层建筑剖面图（不要求标注尺寸），来进一步熟悉这些基本绘图命令在实际应用中的操作方法，以及在 AutoCAD 中绘制建筑剖面图的基本步骤。

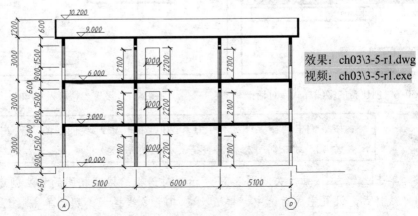

效果：ch03\3-5-r1.dwg
视频：ch03\3-5-r1.exe

注：墙体厚度为 200，除顶楼楼板厚度为 120 外，其余楼板厚度均为 200

图 3-49　三层建筑剖面图

制作思路

由图 3-49 可知，该三层建筑剖面图中的每层布局均相同，因此我们可先绘制其中的任一层，然后再使用"复制"命令依次复制得到其余两层。此外，纵观全图可知，墙体、窗户、门、楼板和梁这 5 部分的剖面图可用"多线"命令绘制，门的立面图可用"矩形"命令绘制，地平面可用"直线"命令绘制。

制作步骤

步骤 1　启动 AutoCAD，关闭状态栏中的 栅格 开关，并确认 正交 、 对象捕捉 、 对象追踪 和 DYN 开关均处于打开状态。

步骤 2　选择"格式">"多线样式"菜单，打开"多线样式"对话框，然后单击 新建(N)... 按钮，在打开的"创建新的多线样式"对话框中输入新样式名"楼板及梁 40"，如图 3-50 所示。

步骤 3　单击 继续 按钮，打开"新建多线样式：楼板及梁 40"对话框，依次单击"封口"选项组中"直线"右侧的复选框；在"填充"设置区的"填充颜色"列表框中单击，在弹出的下拉列表中选择"ByLayer"。

步骤 4　在"图元"列表中选择偏移值为"0.5"的元素，然后在"偏移"编辑框中输入"20"；在"图元"列表中选择偏移值为"-0.5"的元素，然后在"偏移"编辑框中输入"-20"，其余采用默认设置，如图 3-51 所示。

图 3-50　"创建新的多线样式"对话框　　　　图 3-51　设置"楼板及梁 40"多线样式

　　该案例中的楼板厚度有 120 和 200 两种，因此我们在图 3-51 中将其基本厚度设置为 40，绘图时可根据需要将其放大所需倍数即可。

步骤 5　单击 确定 按钮，关闭图 3-51 所示的对话框。按照相同的方法创建下表所示的多线样式，设置完成后选中"楼板及梁 40"多线样式，然后单击 置为当前(U) 按钮，最后单击 确定 按钮。

样式名	封口		填充颜色	图元		
	起点	终点		偏移	颜色	线型
墙体200	直线	直线	无	100	无	ByLayer
				−100		
门窗	直线	直线	无	100	无	ByLayer
				36		
				−36		
				−100		

步骤6 选择"绘图" > "多线"菜单，根据命令行提示输入"s"并按【Enter】键，输入多线比例"5"并按【Enter】键；然后在绘图区合适位置单击确定多线的起点，水平向右移动光标，输入长度值"16400"并按【Enter】键，最后按【Enter】键结束命令。

步骤7 选择"格式" > "多线样式"菜单，在打开的"多线样式"对话框中选择"墙体200"并单击 置为当前(U) 按钮，将该样式设置为当前样式。

步骤8 在命令行中输入"ml"，按【Enter】键执行"多线"命令；根据命令行提示输入"s"并按【Enter】键，然后将多线比例设置为"1"；捕捉并单击已绘制多线的左上角端点，竖直向上移动光标，输入高度值"900"并按【Enter】键；再次按【Enter】键结束命令，结果如图3-52所示。

步骤9 采用同样的方法将"门窗"多线样式设置为当前样式，然后执行"多线"命令，捕捉上步所绘制的墙体的左上角端点并单击，竖直向上移动光标，绘制长度为1500的多线，结果如图3-53所示。

图3-52　绘制楼板和墙体　　　　　　　　　图3-53　绘制窗子

步骤10 将"楼板及梁40"多样式设置为当前样式。执行"多线"命令，将比例设置为5，然后以上步所绘制的窗子的左上角端点为起点，绘制长度为600的多线。

步骤11 将"门窗"样式设置为当前样式。执行"多线"命令，将比例设置为1，捕捉图3-52所示墙体的左下角端点并水平向右移动光标，输入"5100"并按【Enter】键，然后绘制长度为2100的竖直多线；按【Enter】键结束命令，结果如图3-54所示。

步骤12 采用同样的方法将所需多样式设置为当前样式，并设置合适的多线比例，然后参照图3-55所示的图形和尺寸绘图。

图3-54　绘制窗子和梁　　　　　　　　　图3-55　绘制其余部分

> 由于该图形的尺寸较大，滚动鼠标滚轮无法完全显示图形，因此可通过选择"视图" > "缩小"菜单，将图形全部显示的绘图区。

步骤 13 分别创建以下图层，并将已绘图形置于与其对应的图层。

名称	颜色	线型	线宽
楼板	白色	Continuous	默认
地平面	白色	Continuous	1
墙体	白色	Continuous	0.7
门窗	白色	Continuous	默认

步骤 14 接下来我们将复制墙体、窗子和梁等图形，其具体操作步骤如下。

提示与操作	说明
命令：在"常用"选项卡的"修改"面板中单击"复制"按钮	执行"copy"命令
选择对象：采用窗交方式选取图 3-54 左侧的墙体、窗子和梁图形↙	确定复制对象
指定基点或[位移（D）/模式（O）]<位移>：在绘图区任一位置单击并水平向右移动光标	确定位移的第一点
指定第二个点或<使用第一个点作为位移>：输入"16200"↙	确定复制对象的位移并结束命令，结果如图 3-56 左图所示

步骤 15 按【Enter】键重复执行"复制"命令，然后将图 3-56 左图选择区内的所有对象向右复制，其距离为 6000，结果如图 3-56 右图所示。

图 3-56　复制多线对象（一）

步骤 16 将"门窗"图层设置为当前图层。在"绘图"面板中单击"矩形"按钮，按住【Ctrl】键在绘图区右击，在弹出的快捷菜单中选择"自"；捕捉并单击图 3-57 左图所示多线的右下角端点并单击，输入"@600,0"并按【Enter】键；接着输入"@1000,2200"并按【Enter】键，确定矩形的右上角端点，结果如图 3-57 右图所示。

图 3-57　使用"矩形"命令绘制门

步骤17 在"常用"选项卡的"修改"面板中单击"复制"按钮，然后将绘图区中的所有图形对象向下复制 3000，接着向上移动光标，再次输入"3000"并按【Enter】键，最后按【Enter】键结束命令，结果如图 3-58 所示。

步骤18 选择图 3-58 所示的多线 1，然后按【Delete】键将其删除。

步骤19 在命令行中输入"ml"并按【Enter】键，输入"j"并按【Enter】键，然后将对正方式设置为"下"；输入"s"并按【Enter】键，将比例设置为 3；然后选择"自"覆盖捕捉模式。

步骤20 捕捉并单击图 3-58 所示多线 2 的左上角端点，然后输入"@-500,1200"并按【Enter】键，移动光标，依次绘制长度为 1320 的竖直多线，长度为 17400 的水平多线和 1320 的竖直多线，结果如图 3-59 所示。

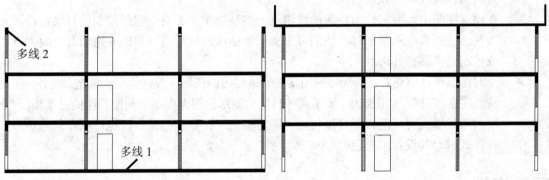

图 3-58　复制多线对象（二）　　　　　　图 3-59　绘制屋顶楼板

步骤21 将"0"图层设置为当前图层，然后利用"直线"命令绘制图 3-60 所示的直线 AB。

步骤22 将"地平面"图层设置为当前图层。执行"直线"命令，捕捉图 3-60 所示多线 1 的左下角端点，然后竖直向下移动光标，捕捉多线 2 的左下角端点，待出现"交点"提示时单击；向右移动光标，捕捉多线 1 的右下角端点并捕捉，单击以绘制直线 CD；移动光标，依次绘制长度为 450 的竖直直线和任意长度的水平直线。

步骤23 采用同样方法绘制左侧其余直线，结果图 3-60 所示。

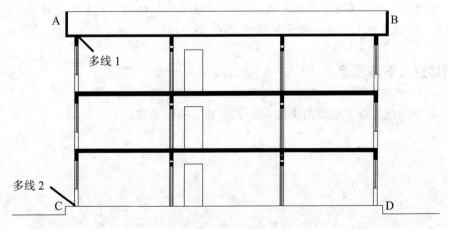

图 3-60　绘制地平面

项目总结

通过本项目的学习，相信大家已经能够绘制一些基本的建筑平面图形了。学习过程中，我们不仅要了解各种命令的操作方法，还应重点注意以下几点。

➢ 利用"多线"命令绘图前，首先应了解要绘制多线的一些特征，如该多线中元素的数量、间距、线型，以及是否有填充色等，然后再设置所需样式，最后再绘制多线。在执行"多线"命令后，首先应根据命令行提示设置对正、比例和样式等。

➢ 当要绘制的对象中既含有直线，又含有圆弧时，我们就可以使用"多段线"命令来绘制该图形。在使用该命令绘图时，一定要关注命令行中的提示，以便能够根据需要灵活在直线和圆弧间切换。

➢ 在建筑制图中，通常使用样条曲线绘制一些装饰图案。对于已经绘制的样条曲线，当其形状和长度不合适时，我们可先选中该曲线，然后通过单击并拖动其上的夹点或控制点来调整其形状。

➢ 当对图案进行填充时，所选择的图案必须是封闭的图形，否则将无法填充。此外，需特点注意，在同一幅图纸中，表示同种材质的图形的剖面图案的角度和比例必须相同。

➢ 要对多线填充背景色，即可以使用"图案填充"命令进行操作，也可以在创建该多线样式时对其设置填充色。

项目实训

一、绘制楼梯平面图

绘制图 3-61 所示的楼梯平面图（要求：墙体和窗户厚度为 200，不绘制门和上、下楼的方向箭头，不标注尺寸和文字说明）。

提示：

创建"墙体 20"和"窗子"多线样式。其中，"墙体 20"的两个元素的偏移量分别为 100 和-100；"窗子"的 4 个元素的偏移量分别为 100、33、-33 和-100。

二、绘制如意云石雕图案

利用"样条曲线"命令绘制图 3-62 所示的如意云石雕图案。

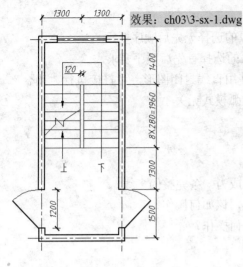

图 3-61　楼梯平面图

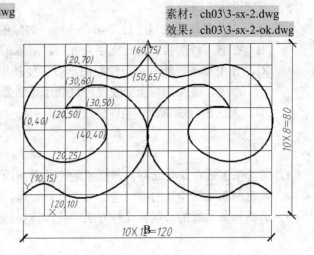

图 3-62　如意云石雕图案

提示：

　　打开本书配套光盘中的"素材" > "ch03" > "3-sx-2.dwg"文件，然后执行"样条曲线"命令，依次输入图中所示坐标来绘制左半边图形的形状；选择绘制的所有曲线，在"常用"选项卡的"修改"面板中单击"镜像"按钮 ⬗，并依次捕捉并单击网格线 AB 的两个端点，最后按【Enter】键即可得到右侧图形。

项目考核

一、选择题（可多选）

1. 在设置多线样式时，不可以设置多线的（　　）。
   A．封口类型　　　　B．填充颜色　　　　C．线型　　　　D．对正方式

2. 对于使用"多线"命令绘制的多线，不可以对其进行（　　）操作。
   A．修改比例　　　　　　　　　B．修改多线样式
   C．修改长度　　　　　　　　　D．调整对正方式

3. 利用多段线上某条直线的 ▬ 夹点，不可以（　　）。
   A．拉伸该直线　　　　　　　　B．为该直线添加顶点
   C．删除该直线　　　　　　　　D．将该直线转换为圆弧

4. 下列关于样条曲线的说法不正确的是（　　）。
   A．样条曲线的形状是由绘图时所指定的点的位置来确定的
   B．一条样条曲线中，至少应包括 3 个点
   C．在绘制样条曲线的过程中，可随时按【Enter】键结束命令
   D．默认情况下，选用样条曲线后，该曲线上显示的夹点为拟合点

5. 下列说法正确的是（　　　）。

  A. 在对多线的接口进行 T 形合并时，对象的选择无先后顺序要求

  B. 在对多线的接口进行十字合并时，对象的选择有先后顺序要求

  C. 使用"多段线"命令绘制图形时，要使用直线封闭图形，可直接执行"闭合"命令，该操作与当前线段是直线还是圆弧模式无关

  D. 无法删除和重命名当前多线样式

二、问答题

1. 若一条多线在某处断开，怎样才能使其重新成为一条完整的多线？

2. 要将两条相互垂直的多线进行十字合并处理，该如何操作？

3. 调整样条曲线的形状有几种方法，具体该如何操作？

项目四　编辑图形

项目导读

　　绘图时，单纯地使用绘图命令只能创建一些简单的图形。为了获得所需图形，我们通常还需要借助一些编辑命令对图形进行编辑加工。AutoCAD 的一大特色就在于它简单而高效的编辑功能，灵活、合理地使用这些功能可以对图形进行有效的编辑，从而实现快速绘制复杂图形的目标。下面我们就来学习这些常用编辑命令的具体操作方法。

学习目标

- ✍ 能够根据要绘制图形的特点，灵活地使用"移动"、"旋转"和"修剪"命令对图形进行编辑。
- ✍ 了解"复制"、"偏移"、"镜像"和"阵列"命令的使用场合，并能够根据要绘制图形的特点，选择最简单的命令对图形进行复制。
- ✍ 能够合理地使用"圆角"和"倒角"命令为图形绘制出所需圆角或倒角。
- ✍ 了解"拉伸"、"拉长"、"延伸"和"缩放"命令的区别，并能够根据绘图需要选择合理的命令调整对象的长度和大小。
- ✍ 能够合理地使用"快捷特性"浮动面板、"特性"选项板和"特性匹配"命令调整对象的属性。

任务一　利用"移动"、"旋转"和"修剪"命令编辑图形

任务说明

　　在绘图过程中，我们可借助"移动"和"旋转"命令，在不改变源对象大小和形状的前提下调整指定对象的位置，或将指定对象旋转一定角度。此外，利用"修剪"命令还可以修剪多余的线条。下面，我们便来学习这几个命令的用法。

预备知识

一、移动对象

利用"移动"（"move"）命令可以将所选对象从一个位置移动到另一个位置。下面，我们通过将图 4-1 所示的插板中的插孔向左移动 10 个图形单位，来讲解"移动"命令的具体操作方法。

步骤 1 打开本书配套光盘中的"素材"＞"ch04"＞"4-1-y1.dwg"文件，如图 4-1 所示。

步骤 2 在命令行中输入"m"并按【Enter】键，或在"常用"选项卡的"修改"面板中单击"移动"按钮 ，执行"move"命令，如图 4-2 所示。

素材：ch04\4-1-y1.dwg
效果：ch04\4-1-y1-ok.dwg

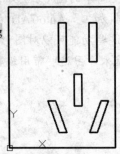

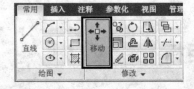

图 4-1　源图形　　　　　图 4-2　在"修改"面板中选择"移动"命令

步骤 3 选取矩形内的所有图形并按【Enter】键，指定移动对象（也可先选择要移动的对象，再执行"move"命令），如图 4-3 左图所示。

步骤 4 在命令行"指定基点或[位移（D）]<位移>:"的提示下，在绘图区的任意位置单击，确定移动的基点，然后水平向左移动光标，待出现水平极轴追踪线时输入"10"并按【Enter】键，确定移动方向和距离，结果如图 4-3 右图所示。

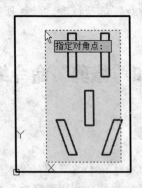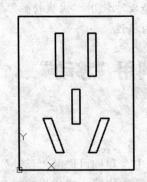

图 4-3　指定移动对象并移动图形

在移动图形对象时，除了可以使用上述方法指定要移动的方向和距离外，还可以利用对象捕捉来指定移动的基点和第二点。

二、旋转对象

使用"旋转"（"rotate"）命令可将一个或多个图形对象绕指定点旋转一定角度，在旋转过程中，我们还可以根据需要选择是否复制旋转对象。

例如，绘制一尺寸为 200×100 的矩形，然后将其绕矩形的左下角点复制并旋转 90°，其操作步骤如下。

步骤1 在"常用"选项卡的"绘图"面板中单击"矩形"按钮▢，在绘图区合适位置单击，确定矩形的第一角点，然后输入"@200，100"并按【Enter】键，确定矩形的另一角点，如图 4-4 左图所示。

步骤2 要将图 4-4 左图所示的矩形旋转并复制，具体操作步骤如下。

提示与操作	说明
命令：在"常用"选项卡的"修改"面板中单击"旋转"按钮 ↻ ，或直接在命令行中输入"ro"✓	执行"rotate"命令
选择对象：选取图 4-4 左图所示的矩形✓	确定旋转对象
指定基点：捕捉并单击矩形左下角点	确定旋转的基点
指定旋转角度，或[复制 C/参照 R]<0>: c✓	选择"复制"选项
指定旋转角度，或[复制 C/参照 R]<0>: 90✓	确定旋转角度，结果如图 4-4 右图所示

效果：ch04\4-1-y2.dwg

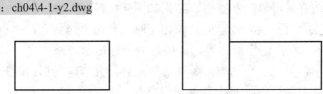

图 4-4 绘制矩形并对其进行旋转和复制

旋转对象时，需要依次指定旋转基点和旋转角度。当输入的旋转角度为正值时，表示按逆时针方向旋转对象；当输入负值时，表示按顺时针方向旋转对象。

三、修剪对象

"修剪"（"trim"）命令用于修剪图形，该命令要求用户先指定修剪边界，然后再选择希望修剪的对象。要修剪图形中的多余线条，可在"常用"选项卡的"修改"面板中单击"修剪"按钮 ⊬ ，或直接在命令行中输入"tr"并按【Enter】键。

例如，要将图 4-5 左图中的五角形修剪为五角星，其操作步骤如下。

素材：ch04\4-1-y3.dwg
效果：ch04\4-1-y3-ok.dwg

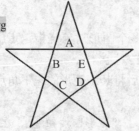 

图 4-5　修剪五角形为五角星

提示与操作	说明
命令：在"常用"选项卡的"修改"面板中单击"修剪"按钮 ⏦▾	执行"trim"命令
选择对象或<全部选择>：直接按【Enter】键，或采用窗交方式选取图 4-5 左图中的所有线条↙	将所有图形对象作为修剪边界
选择要修剪的对象，或按住 Shift 键选择要延伸的对象，或[栏选（F）/窗交（C）/投影（P）/边（E）/删除（R）/放弃（U）]：依次在直线 A、B、C、D、E 上单击↙	修剪对象并结束命令，结果如图 4-5 右图所示

使用"修剪"命令修剪图形时，需要注意以下几点：

➢ 即使对象被作为修剪边界，也可以被修剪。例如，当图 4-6 左图所示的水平直线和圆作为修剪边界时可以相互修剪，结果如图 4-6 右图所示。

➢ 当修剪边界太短而不能与被修剪对象相交时，利用"修剪"命令也可以修剪图形，如图 4-7 所示。在指定修剪边界后，根据命令行提示选择"边"选项，此时若选择"延伸"选项，系统会自动虚拟延伸修剪边界，并修剪图形；若选择"不延伸"选项，则无法修剪图形，除非两者真正相交。

图 4-6　修剪边界同时被修剪　　　　　　图 4-7　延伸修剪

在执行"修剪"命令时，当命令行中提示"选择对象或<全部选择>"时，我们还可以直接按【Enter】键，将所有图形对象作为修剪边界，然后在要修剪掉的图形上单击进行修剪。

在修剪过程中，若遇到一些修剪不掉的单个图形对象，可先选中该对象，然后按【Delete】键将其删除。

任务实施——布置卫生间

下面，我们将通过利用图 4-8 右图所示的浴缸、洗脸池、洁具和洗衣机图形来布置图 4-8 左图所示的卫生间（其布置结果参见图 4-9，不要求标注尺寸），来学习"移动"和"旋转"命令的具体操作方法。

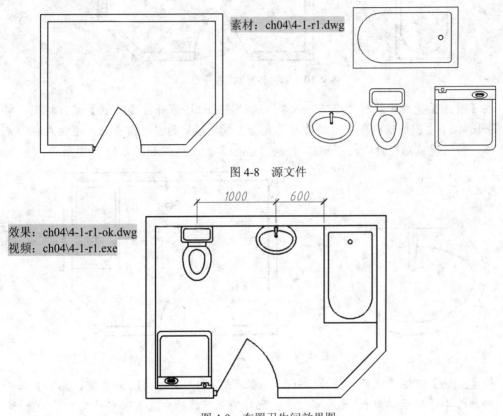

图 4-8 源文件

素材：ch04\4-1-r1.dwg

效果：ch04\4-1-r1-ok.dwg
视频：ch04\4-1-r1.exe

图 4-9 布置卫生间效果图

制作思路

要按照图 4-9 所示的效果布置卫生间，我们可先使用"旋转"命令将浴缸旋转 90°，然后再使用"移动"命令将其移动到所需位置；接着使用"移动"命令依次将洗脸池和洁具移至所需位置；最后使用"旋转"和"移动"命令将洗衣机旋转并移动至所需位置即可。

制作步骤

步骤 1 打开本书配套光盘中的"素材" > "ch04" > "4-1-r1.dwg"文件，如图 4-8 所示。

步骤 2 在"常用"选项卡的"修改"面板中单击"旋转"按钮，采用窗交方式选择浴缸图形并按【Enter】键，确定旋转对象；然后捕捉浴缸的右上角点并单击，指定旋转的基点；接着输入旋转角度"90"并按【Enter】键，结果如图 4-10 左图所示。

步骤 3 在"常用"选项卡的"修改"面板中单击"移动"按钮，选择浴缸图形并按【Enter】键；捕捉并单击图 4-10 左图所示的浴缸的右上角点，指定移动的基点，然后捕捉卫生间内壁的右上角点 A 并单击，指定移动的第二点，结果如图 4-10 右图所示。

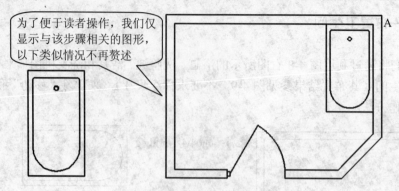

图 4-10 旋转并移动浴缸

步骤 4 按【Enter】键继续执行 "移动" 命令，选择洗脸池图形并按【Enter】键，捕捉并单击图 4-11 左图所示的中点，接着移动光标，捕捉浴缸的左上角点并水平向左移动光标，待出现追踪线时输入 "600" 并按【Enter】键，结果如图 4-11 右图所示。

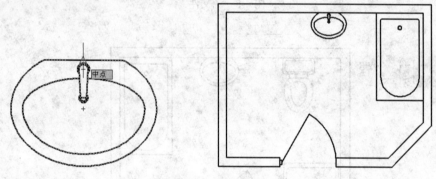

图 4-11 移动洗脸池

步骤 5 按【Enter】键继续执行 "移动" 命令，选择洁具图形并按【Enter】键，然后捕捉并单击图 4-12 所示的中点，接着捕捉洗脸池外轮廓直线的中点 A 并水平向左移动光标，待出现追踪线时输入 "1000" 并按【Enter】键，结果如图 4-12 右图所示。

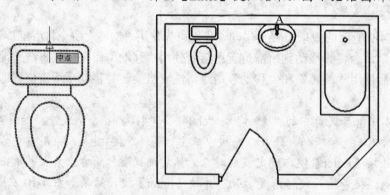

图 4-12 移动洁具

步骤 6　在"常用"选项卡的"修改"面板中单击"旋转"按钮 ⟳，选择洗衣机图形并按【Enter】键，然后在该图形附近的任意位置处单击，指定旋转基点，接着输入旋转角度值"180"并按【Enter】键，结果如图 4-13 左图所示。

步骤 7　在命令行中输入"m"并按【Enter】键，选择洗衣机并按【Enter】键，然后捕捉并单击图 4-13 左图所示的中点，接着捕捉图 4-13 右图所示直线的中点并单击，结果如图 4-9 所示。

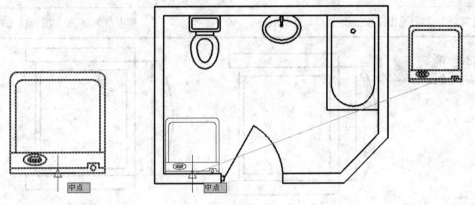

图 4-13　旋转并移动洗衣机

任务二　利用复制类命令复制图形对象

任务说明

在 AutoCAD 中，可以利用"复制"、"偏移"、"镜像"或"阵列"命令，生成与指定对象相似的图形。其中，利用"镜像"和"阵列"命令还可以创建具有对称关系或均布关系的图形。

预备知识

一、复制对象

利用"复制"（"copy"）命令不仅可以将一个或多个图形对象复制到指定位置，还可以将其进行多次复制。例如，要将图 4-14 左图所示的定位点进行复制（复制结果参见图 4-14 右图），具体操作步骤如下。

提示与操作	说明
命令：在"常用"选项卡的"修改"面板中单击"复制"按钮 ⬚，或直接在命令行中输入"co"或"cp"并按【Enter】键	执行"copy"命令
选择对象：选择图 4-14 左图所示的 3 个点标记✓	确定复制对象

提示与操作	说明
指定基点或[位移（D）/模式（O）]<位移>：在绘图区任一位置单击	确定复制的基点
指定第二个点或<使用第一个点作为位移>：竖直向下移动光标，待出现竖直追踪线时输入"8"↙	确定复制的第二点，并复制得到第一组图形对象
指定第二个点或[退出（E）/放弃（U）]<退出>：输入"16"↙	复制得到第二组图形对象
指定第二个点或[退出（E）/放弃（U）]<退出>：↙	结束命令，结果如图 4-14 右图所示

素材：ch04\4-2-y1.dwg
效果：ch04\4-2-y1-ok.dwg

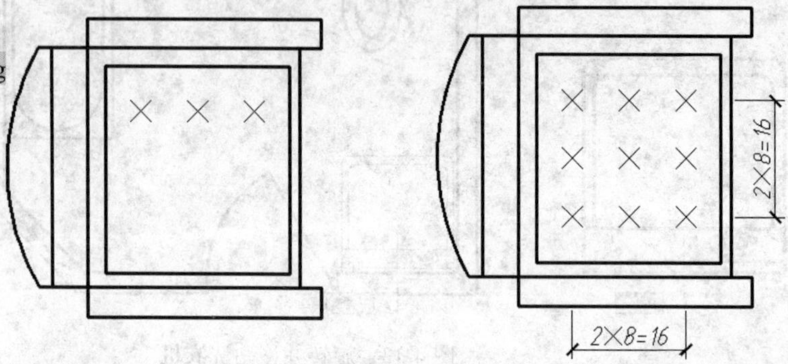

图 4-14　复制图形

二、偏移对象

利用"偏移"（"offset"）命令可以创建与选定对象类似的新对象，并使其处于源对象的内侧或外侧，如图 4-15 所示。在 AutoCAD 中，可以用于偏移的对象有直线、圆、圆弧、椭圆、多边形、样条曲线和多段线等，但不能偏移点、多线、图块和文本等。

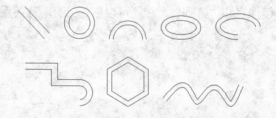

图 4-15　偏移复制得到的各种图形

从偏移结果来看，对象的偏移主要有两种，即复制偏移和删除偏移。例如，要偏移并复制图 4-16 左图所示的图形（结果参见图 4-16 右图），具体操作过程如下。

素材：ch04\4-2-y2.dwg
效果：ch04\4-2-y2-ok.dwg

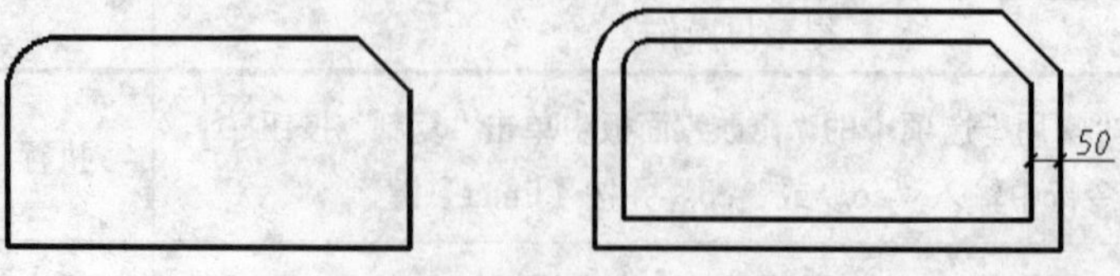

图 4-16　偏移并复制对象（一）

提示与操作	说明
命令：在"常用"选项卡的"修改"面板中单击"偏移"按钮，或直接在命令行中输入"o"并按【Enter】键	执行"offset"命令
指定偏移距离或[通过（T）/删除（E）/图层（L）]<通过>：**50**✓	确定偏移距离
选择要偏移的对象，或[退出（E）/放弃（U）]<退出>：选择图 4-16 左图所示的图形	确定偏移对象
指定要偏移的那一侧上的点，或[退出（E）/多个（M）/放弃（U）]<退出>：在该图形的外侧任意位置单击	确定偏移方向
选择要偏移的对象，或[退出（E）/放弃（U）]<退出>：✓	结束命令，结果如图 4-16 右图所示

使用"偏移"命令一次只能对一个图形对象进行操作。由于图 4-16 左图是使用"多段线"命令绘制的封闭图形，所以偏移得到的图形对象是连续的。否则，偏移所得到的直线段之间不连续，如图 4-17 所示。

执行"偏移"命令后，还可以选择"通过（T）"选项，然后通过指定点来确定偏移距离和方向。例如，选取图 4-18 左图所示的水平直线为偏移对象，然后选择端点 A 为通过点，结果如图 4-18 右图所示。

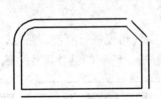

图 4-17　偏移并复制对象（二）

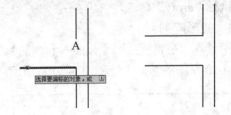

图 4-18　选择通过点偏移并复制对象

三、镜像对象

利用"镜像"（"mirror"）命令可以在由两点定义的直线的一侧创建所选图形的对称图形。在使用该命令绘制图形时，我们还可以根据绘图需要，选择是否删除镜像源对象。

例如，要镜像并复制图 4-19 左图所示的椅子（结果参见图 4-19 右图），具体操作过程如下。

提示与操作	说明
命令：在"常用"选项卡的"修改"面板中单击"镜像"按钮	执行"mirror"命令
选择对象：利用窗交方式选取图 4-19 左图所示的椅子✓	选择镜像对象
指定镜像线的第一点：捕捉桌子棱边 AB 的中点并单击	指定镜像线的起点

提示与操作	说明
指定镜像线的第二点：**捕捉桌子棱边 CD 的中点并单击**	指定镜像线的终点
要删除源对象吗？[是（Y）/否（N）]<N>：✓	采用默认的不删除镜像源对象并结束命令，结果如图 4-19 右图所示

素材：ch04\4-2-y3.dwg　　　　　　　　　　　效果：ch04\4-2-y3-ok.dwg

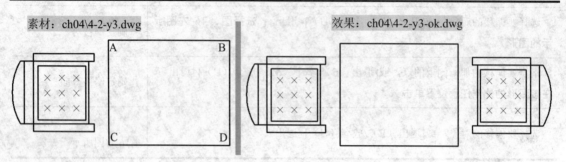

图 4-19　镜像并复制图形对象

四、阵列对象

阵列对象是将所选图形按照一定数量、角度或距离进行复制，以生成多个副本图形。在 AutoCAD 中，可以使用矩形阵列和环形阵列复制图形对象。要对图形对象进行阵列，可在"常用"选项卡的"修改"面板中单击"阵列"按钮，或直接在命令行中输入"ar"并按【Enter】键，执行"array"命令。

1. 矩形阵列

矩形阵列是将所选对象按照行和列的数目、间距以及旋转角度进行复制。下面，我们将在图 4-20 左图的基础上绘制图 4-20 右图所示图形，来讲解矩形阵列的具体操作方法。

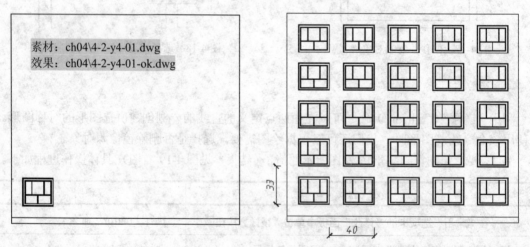

素材：ch04\4-2-y4-01.dwg
效果：ch04\4-2-y4-01-ok.dwg

图 4-20　使用"矩形阵列"命令复制住宅楼立面图中的窗子

步骤 1　打开本书配套光盘中的"素材" > "ch04" > "4-2-y4-01.dwg"文件，如图 4-20 左图

所示。

步骤 2 在"常用"选项卡的"修改"面板中单击"阵列"按钮，打开"阵列"对话框，如图 4-21 左图所示，系统默认选中 ◉矩形阵列(R) 单选钮。

步骤 3 在"行数"编辑框中输入"5"，在"列数"编辑框中输入"5"；在"行偏移"编辑框中输入"33"，在"列偏移"编辑框中输入"40"；单击"选择对象"按钮，采用窗交方式选择图 4-20 左图所示的窗户图形，按【Enter】键返回"阵列"对话框，如图 4-21 右图所示。

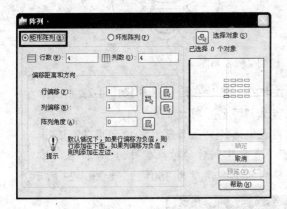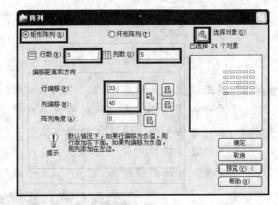

图 4-21　"阵列"对话框

　　在设置"行偏移"和"列偏移"时，既可以直接输入两个相邻对象间的位移值，也可以单击"阵列"对话框中的"拾取两个偏移"按钮，然后在绘图区通过指定两点来确定行偏移或列偏移值，还可以分别单击"拾取行偏移"和"拾取列偏移"按钮，并在绘图区依次单击两点以确定偏移值。

　　"行偏移"和"列偏移"编辑框中值的正负决定了行和列的"生长"方向，系统默认输入正值时沿 X 轴和 Y 轴的正向"生长"，否则，沿 X 轴和 Y 轴的负向"生长"。

步骤 4 此时，可单击 预览(V) 按钮预览阵列效果，确认无误后按【Enter】键结束命令，也可以直接单击 确定 按钮结束命令，结果如图 4-20 右图所示。

　　单击 预览(V) 按钮预览阵列效果时，若需要修改"阵列"对话框中的某些参数，可按【Esc】键返回"阵列"对话框，然后再进行修改。

2．环形阵列

要将对象进行环形阵列，需要指定环形阵列的中心点、生成对象的数目以及填充角度等。下面，我们通过在图 4-22 左图的基础上绘制图 4-22 右图所示图形，来讲解环形阵列的具体操作方法。

步骤 1 打开本书配套光盘中的"素材">"ch04">"4-2-y4-02.dwg"文件，在"常用"选项卡的"修改"面板中单击"阵列"按钮，然后在打开的"阵列"对话框中选中 ◉环形阵列(P) 单选钮。

素材：ch04\4-2-y4-02.dwg
效果：ch04\4-2-y4-02-ok.dwg

桌子

椅子

图 4-22　使用"环形阵列"绘制桌椅平面图

步骤 2 单击"中心点"右侧的"拾取中心点"按钮，然后在绘图区捕捉图 4-22 左图所示桌子的圆心并单击，此时系统将自动返回至"阵列"对话框。

步骤 3 在"方法和值"设置区的"方法"下拉列表中选择"项目总数和填充角度"选项，然后在"项目总数"编辑框中输入"10"（表示阵列后的对象数目为 10）；在"填充角度"编辑框中输入"360"（表示环形阵列的填充角度为 360°），如图 4-23 所示。

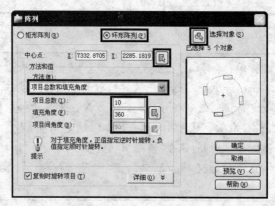

图 4-23　设置环形阵列参数

步骤 4 单击"选择对象"按钮，在绘图区选取图 4-22 左图所示的椅子图形，然后按【Enter】键返回"阵列"对话框。单击 确定 按钮结束命令，结果如图 4-22 右图所示。

　　　若在"阵列"对话框的"方法"下拉列表中选择"项目总数和项目间的角度"选项，可通过设置要生成副本的个数和两相邻副本间的角度值来阵列对象；若选择"填充角度和项目间的角度"选项，可通过指定填充角度值和两相邻副本间的角度值来阵列对象。

任务实施——绘制装饰图案

　　下面，我们通过在图 4-24 左图所示的基础上绘制图 4-24 右图所示的装饰图案（不要求标注尺寸），来学习"偏移"、"镜像"和"阵列"命令的具体操作方法。

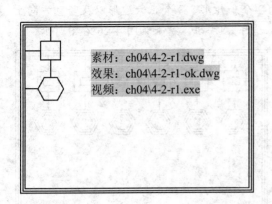
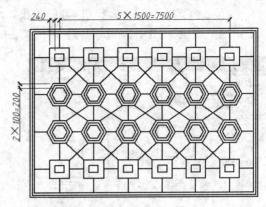

素材：ch04\4-2-r1.dwg
效果：ch04\4-2-r1-ok.dwg
视频：ch04\4-2-r1.exe

图 4-24 绘制装饰图案

制作思路

由图 4-24 右图所示可知，该装饰图案是一个上下对称图形，因此我们可以先绘制好上半侧图案，然后再使用"镜像"命令得到下半侧图案，最后再绘制两侧图案间的连线。对于上半侧图案，我们可先利用"偏移"命令来绘制矩形和正六边形内的图案，然后利用"阵列"命令将其进行矩形阵列，最后使用"直线"和"阵列"命令绘制各图案间的连线。

制作步骤

步骤 1 打开本书配套光盘中的"素材">"ch04">"4-2-r1.dwg"文件，如图 4-24 左图所示。

步骤 2 在"常用"选项卡的"修改"面板中单击"偏移"按钮，输入偏移距离"240"并按【Enter】键；单击图 4-25 左图中的矩形 1 并在其内侧单击，指定偏移距离和方向；最后按【Enter】键结束命令，结果如图 4-25 左图所示。

步骤 3 按【Enter】键继续执行"偏移"命令，输入"100"并按【Enter】键；单击正六边形并在其内侧单击；然后单击偏移复制所得的正六边形并在其内侧单击；最后按【Enter】键结束命令，结果如图 4-25 右图所示。

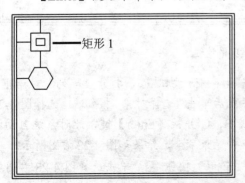
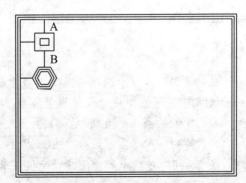

图 4-25 偏移并复制矩形和正六边形

步骤 4 在"常用"选项卡的"修改"面板中单击"阵列"按钮，在打开的"阵列"对话

框中选中 ⊙矩形阵列(R) 单选钮,并按照图 4-26 左图中的数值设置各个参数;单击"选择对象"按钮 🔳 后选择图 4-25 右图中的 2 个小矩形、3 个正六边形以及竖直方向上的直线 A 和 B 并按【Enter】键;单击 确定 按钮,结果如图 4-26 右图所示。

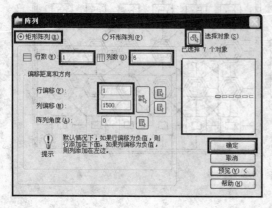 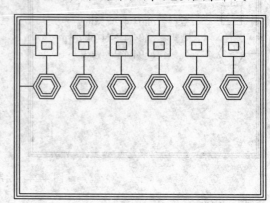

图 4-26 阵列复制对象

步骤 5 在命令行中输入"L"并按【Enter】键,然后依次捕捉并单击图 4-27 左图中两相邻直线的中点,最后按【Enter】键结束水平直线 A 的绘制。采用同样的方法,依次捕捉并单击所需端点,以绘制图 4-27 右图所示的两条交叉直线 B、C 和水平直线 D。

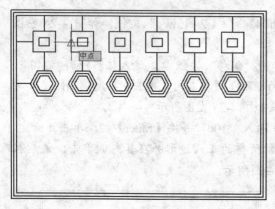 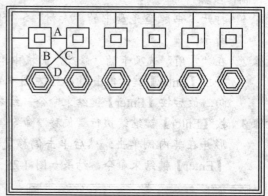

图 4-27 绘制图案间的连线

步骤 6 在"常用"选项卡的"修改"面板中单击"阵列"按钮 🔳,打开"阵列"对话框。按照图 4-28 左图中的数值设置各个参数,然后单击"选择对象"按钮 🔳,选择图 4-27 右图中的两条水平直线 A、D 和交叉直线 B、C 并按【Enter】键,此时系统自动返回"阵列"对话框,最后单击 确定 按钮结束命令,结果如图 4-28 右图所示。

步骤 7 在"常用"选项卡的"修改"面板中单击"镜像"按钮 🔺,单击选择图 4-28 右图中的水平直线 C 和 D 后按【Enter】键,指定镜像的对象;捕捉图 4-29 左图所示的中点 E 并单击,指定镜像线的第一点;捕捉中点 F 并单击,指定镜像线的第二点;按【Enter】键采用默认的不删除镜像源对象。

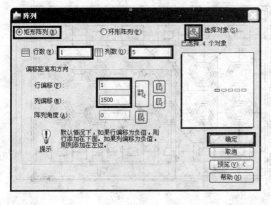
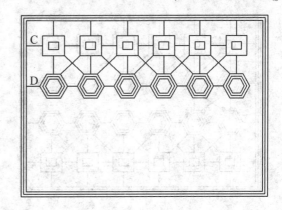

图4-28 利用"阵列"命令绘制直线

步骤8 按【Enter】键重复执行"镜像"命令，采用窗交方式选取图4-29左图中矩形G内的所有图形并按【Enter】键，然后依次捕捉并单击图4-29右图所示的中点M、N，最后按【Enter】键结束命令。

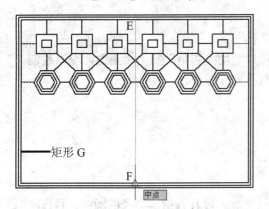
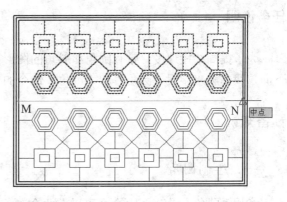

图4-29 镜像复制图形

步骤9 在命令行中输入"L"并按【Enter】键，依次绘制图4-30左图所示的两条竖直直线A、D，以及两条交叉直线B、C。

步骤10 选取上步所绘制的直线B、C、D，然后在"常用"选项卡的"修改"面板中单击"复制"按钮；捕捉并单击图4-30右图所示端点E，确定复制的基点；依次捕捉并单击端点F、G、M、N，确定复制的第二点，最后按【Enter】键结束命令，结果如图4-24右图所示。

提示

> 要使用"移动""旋转""复制"、"阵列"和"缩放"等命令对图形进行操作时，既可以先选择所需命令，然后再选择要进行操作的对象，也可以先选择要进行操作的对象，然后再选择所需命令。读者可根据所编辑图形的复杂程度和自己的绘图习惯进行操作。

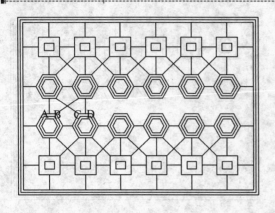 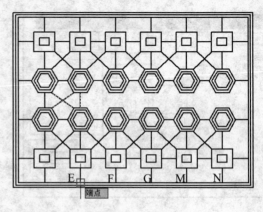

图 4-30　使用"直线"和"阵列"命令绘制直线

任务三　绘制圆角和倒角

任务说明

为了提高绘图速度，带有圆角和斜角的图形可以利用"圆角"和"倒角"命令来绘制。下面，我们就来学习"圆角"和"倒角"命令的具体操作方法。

预备知识

一、绘制圆角

利用"圆角"（"fillet"）命令可以在两个对象间生成一段具有指定半径的圆弧，且该圆弧与两个对象保持相切。可以进行圆角处理的对象有直线、样条曲线、多边形、圆和圆弧等，且当直线在相互平行时也可以进行圆角处理。

要执行"圆角"命令，可在"常用"选项卡的"修改"面板中单击"圆角"按钮 ，或直接在命令行中输入"f"并按【Enter】键，此时命令行会显示如下信息：

当前设置: 模式=修剪, 半径=0.0000

选择第一个对象或[放弃（U）/多段线（P）/半径（R）/修剪（T）/多个（M）]:

该命令行提示中，部分选项的功能如下：

➤ **多段线**：选择该选项后，系统将在选定的多段线的各个拐角处创建圆角。

➤ **半径**：指定生成圆弧的半径尺寸。如果将圆角半径设置为 0，可使两个不相交的对象延伸至相交，但不创建圆角。

➤ **修剪**：利用该选项，可以设置是否在创建圆角时修剪对象。

➤ **多个**：利用该选项，可以连续对多组对象进行尺寸相同的圆角处理。

例如，要对图 4-31 左图所示的图形进行修圆角（结果参见图 4-31 右图），具体操作步骤如下。

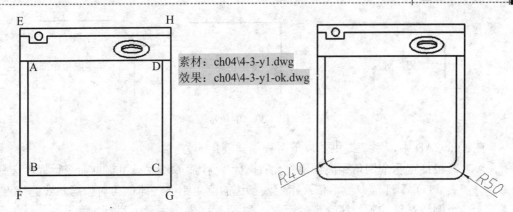

素材：ch04\4-3-y1.dwg
效果：ch04\4-3-y1-ok.dwg

图 4-31　修圆角

步骤 1　打开本书配套光盘中的"素材">"ch04">"4-3-y1.dwg"文件，如图 4-31 左图所示。

步骤 2　在"常用"选项卡的"修改"面板中单击"圆角"按钮，根据命令行提示输入"r"并按【Enter】键，输入圆角半径值"40"并按【Enter】键；输入"t"并按【Enter】键，再次输入"t"，按【Enter】键采用修剪模式。

步骤 3　输入"m"并按【Enter】键，进入连续修圆角模式；单击图 4-31 左图所示的直线AB，指定修圆角的第一个对象；单击直线 BC，指定第二个对象，此时系统将自动在这两条直线间生成一个半径为 40 的圆角。依次单击直线 BC 和 CD，以生成第二个圆角。

步骤 4　根据命令行提示输入"r"并按【Enter】键，接着输入圆角半径值"50"并按【Enter】键，采用同样的方法依次单击直线 EF 和 FG、直线 FG 和 GH，最后按【Enter】键结束命令，结果如图 4-31 右图所示。

提示

> 在选择进行圆角处理的对象时，如果拾取点的位置不同，其圆角效果也会不同，如图 4-32 所示。

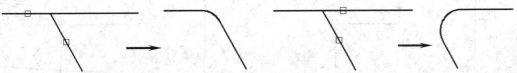

图 4-32　拾取点位置对圆角效果的影响

二、绘制倒角

使用"倒角"（"chamfer"）命令可以在两条不平行的线段间绘制斜角，即通过延伸或修剪，使它们相交或将它们用斜线连接，如图 4-33 所示。

图 4-33   倒角示例

在 AutoCAD 中，系统提供了以下两种创建倒角的方式：

➤ **通过指定两个倒角距离创建倒角**：执行"倒角"命令后，可根据命令行提示选择"距离（D）"选项，然后依次指定两条边的倒角距离（即倒角对象与斜线的交点到两个倒角对象的延长线交点的距离，如图 4-34 左图所示）进行倒角。

➤ **通过指定第一条边的倒角距离和角度创建倒角**：执行"倒角"命令后，可在命令行提示下选择"角度（A）"选项，然后依次指定第一条边的倒角距离和角度值即可。其中，角度值是指第一个倒角对象与斜线之间的夹角，如图 4-34 右图所示。

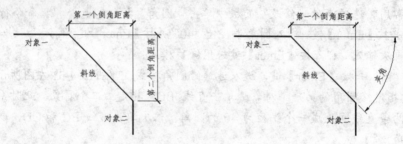

图 4-34   倒角的两种创建方式

例如，要对图 4-35 左图所示图形修倒角（倒角尺寸及倒角效果参见图 4-35 右图），具体操作过程如下。

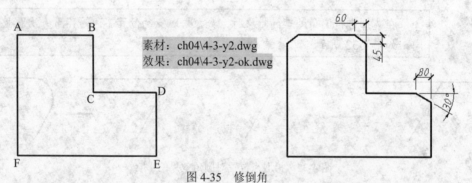

素材：ch04\4-3-y2.dwg
效果：ch04\4-3-y2-ok.dwg

图 4-35   修倒角

步骤 1 打开本书配套光盘中的"素材" > "ch04" > "4-3-y2.dwg"文件，如图 4-35 左图所示。在"常用"选项卡的"修改"面板中单击"圆角"按钮 后的三角符号，在弹出的下拉列表中选择"倒角"命令。

步骤 2 在命令行中输入"d"并按【Enter】键，输入第一个倒角距离"60"并按【Enter】键，然后输入第二个倒角距离"45"并按【Enter】键，最后输入"m"并按【Enter】键，进入连续倒角模式。

步骤 3　依次单击图 4-35 左图所示的直线 AB 和 BC，以指定第一个和第二个倒角对象，此时系统将自动生成第一个倒角；接着单击直线 AB 和 AF，以生成第二个倒角。

步骤 4　根据命令行提示输入 "a" 并按【Enter】键，然后输入第一个倒角距离 "80" 并按【Enter】键，接着输入倒角角度 "30" 并按【Enter】键，最后依次单击图 4-35 左图所示的直线 CD 和 DE，按【Enter】键结束命令，结果如图 4-35 右图所示。

> 　　使用 "倒角" 命令只能对两条不平行的直线修倒角。此外，执行 "倒角" 或 "圆角" 命令后，按住【Shift】键选取两条直线，可以直接生成零距离倒角或零半径圆角。

任务实施——为图形添加圆角和倒角

　　下面，我们将通过为图 4-36 左图添加相应的圆角和倒角（结果参见图 4-36 右图），来学习 "圆角" 和 "倒角" 命令的具体操作方法。

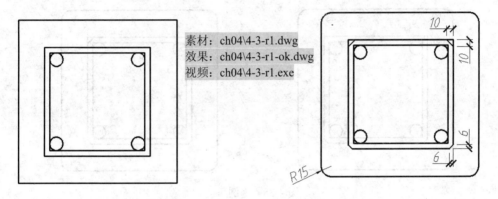

素材：ch04\4-3-r1.dwg
效果：ch04\4-3-r1-ok.dwg
视频：ch04\4-3-r1.exe

图 4-36　为图形添加圆角和倒角

制作步骤

步骤 1　打开本书配套光盘中的 "素材" > "ch04" > "4-3-r1.dwg" 文件，如图 4-36 左图所示。

步骤 2　在 "常用" 选项卡的 "修改" 面板中单击 "圆角" 按钮，采用系统默认的修剪模式，然后根据命令行提示输入 "r" 并按【Enter】键，接着输入圆角半径值 "15" 并按【Enter】键，最后输入 "m" 并按【Enter】键，进入连续修圆角模式。

步骤 3　依次单击图 4-37 左图所示的直线 AB 和 BC，直线 BC 和 CD，直线 CD 和 AD，直线 AD 和 AB，最后按【Enter】键结束命令，结果如图 4-37 右图所示。

步骤 4　在 "常用" 选项卡的 "修改" 面板中单击 "圆角" 按钮后的三角符号，从弹出的下拉列表中选择 "倒角" 命令，采用默认的修剪模式，输入 "m" 并按【Enter】键，进入连续修倒角模式；输入 "d" 并按【Enter】键，然后输入 "6" 并按两次【Enter】键，确定倒角距离；依次单击图 4-37 左图所示的直线 EF 和 FG，直线 EH 和 EF，结果如图 4-38 左图所示。

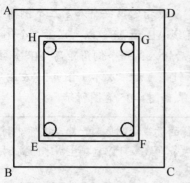
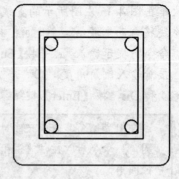

图 4-37　修圆角

步骤 5 根据命令行提示输入 "t" 并按【Enter】键，接着输入 "n" 并按【Enter】键，进入不修剪模式；输入 "d" 并按【Enter】键，然后输入倒角距离 "10" 并按两次【Enter】键；依次单击图 4-37 左图所示的直线 HG 和 FG，直线 EH 和 HG，最后按【Enter】键，结果如图 4-38 右图所示。

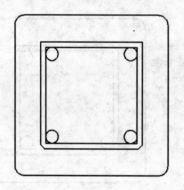
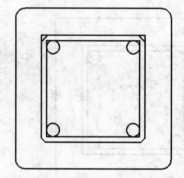

图 4-38　修倒角

任务四　调整对象的大小

任务说明

　　绘制图形时，我们经常需要调整图形对象的大小和形状。例如，将图形对象沿某个方向拉长或延伸，使其与其他对象相交，或将指定对象成倍放大或缩小等。实现这些功能的主要命令有拉伸、拉长、延伸和缩放。下面，我们就来学习这些命令的具体操作方法。

预备知识

一、拉伸对象

　　"拉伸"（"stretch"）命令是图形编辑中使用较频繁的命令之一，利用该命令可以将所选对象沿指定方向拉长、缩短或移动。要执行该命令，可在"常用"选项卡的"修改"面板中单击"拉伸"按钮，或直接在命令行中输入"s"并按【Enter】键。

例如，要使用"拉伸"命令将图 4-39 左图所示的对象进行拉伸，可按如下方法进行操作。

提示与操作	说明
命令：在"常用"选项卡的"修改"面板中单击"拉伸"按钮	执行"stretch"命令
选择对象：采用窗交方式选取图 4-39 左图所示的对象↙	选择拉伸对象
指定基点或[位移（D）]<位移>：在绘图区任一位置单击	指定拉伸的起点
指定第二个点或<使用第一个点作为位移>：水平向右移动光标，待出现追踪线时输入拉伸值"120"↙	指定拉伸方向及拉伸距离，结果如图 4-39 右图所示

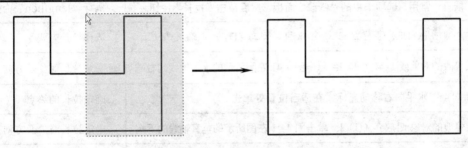

图 4-39　拉伸对象

> 使用"拉伸"命令拉伸图形对象时，通过单击选取的对象只能被移动，而对于使用窗交方式选取的图形对象，系统将根据所选对象的特征点（如圆心）是否完全包含在交叉窗口内决定对其进行拉伸或移动操作。即特征点完全包含在交叉窗口内，则移动对象，如图 4-40 中的圆；否则，将拉伸对象（面域和块图形除外）。
>
> 使用"拉伸"命令只能拉伸用直线、矩形、多边形、圆弧、多线和多段线等命令绘制的图形，而对于圆、椭圆、面域和图块等对象，则根据该对象的特征点（如圆心）是否包含在交叉窗口内而决定是否进行移动操作。

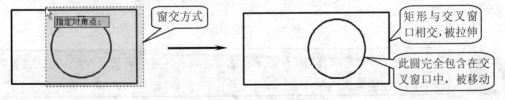

图 4-40　交叉窗口内的圆被移动

二、拉长对象

利用"拉长"（"lengthen"）命令可以改变直线、非闭合圆弧、多段线和椭圆弧的长度。要执行该命令，可展开"修改"面板并单击"拉长"按钮，或直接在命令行中输入"len"并按【Enter】键。此时，命令行将会给出如下提示信息：

选择对象或[增量（DE）/百分数（P）/全部（T）/动态（DY）]：

此时可根据需要选择相应选项，这些选项的功能如下：

➢ **增量**：通过输入增量值来延长直线的一端或圆弧的弧长。其中，正值表示拉长，负值表示缩短。

➢ **百分数**：通过输入百分比来改变对象的长度。百分比大于100，将拉长对象，否则将缩短对象。

➢ **全部**：通过指定长度或角度值来改变所选图形的尺寸。

➢ **动态**：在此模式下可通过拖动鼠标动态地改变对象的长度或角度。

例如，要拉长图4-41左图中的轴线，其操作步骤如下。

提示与操作	说明
命令：展开"常用"选项卡中的"修改"面板，然后单击"拉长"按钮	执行"lengthen"命令
选择对象或[增量（DE）/百分数（P）/全部（T）/动态（DY）]：输入"dy"✓	选择拉长方式
选择要修改的对象或[放弃（U）]：单击图4-41左图所示的水平轴线的右端	确定拉长对象及方向
指定新端点：水平向右移动光标，在适当位置处单击	确定拉长的终点
选择要修改的对象或[放弃（U）]：单击图4-41左图所示的垂直轴线的下端	确定拉长对象及方向
指定新端点：竖直向下移动光标，在适当位置处单击	确定拉长的终点，结果如图4-41右图所示
选择要修改的对象或[放弃（U）]：✓	退出该命令

素材：ch04\4-4-y2.dwg
效果：ch04\4-4-y2-ok.dwg

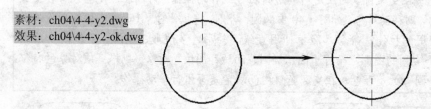

图4-41　拉长对象

提示

　　拉长是具有方向性的，即在单击选取要拉长的图形对象时，系统默认在靠近单击点的一侧进行拉长。

三、延伸对象

使用"延伸"（"extend"）命令可以将直线、圆弧、椭圆弧和非闭合多段线等对象延长到指定对象的边界。要延伸对象，可在"常用"选项卡的"修改"面板中单击"修剪"按钮后的三角符号，然后在弹出的下拉列表中选择"延伸"命令，或直接在命令行中输入"ex"并按【Enter】键。

在指定延伸边界后，命令行中出现的部分选项的功能如下：

➤ **栏选/窗交**：使用栏选或窗交方式选择对象时，可以快速地一次延伸多个对象。

➤ **投影**：指定延伸对象时使用的投影方法，包括无投影、将其他平面上的对象延伸到与当前坐标系的 XY 平面上的对象相交，以及沿当前视图的观察方向延伸对象。

➤ **边**：可将对象延伸到隐含边界。当边界对象太短，延伸对象后不能与其直接相交时，选择该选项可将所选对象隐含延长，从而使该对象与边界对象相交。

例如，要延伸图 4-42 左图所示的直线 AB 和 CD 使其与圆相交，具体操作过程如下。

提示与操作	说明
命令：在"常用"选项卡的"修改"面板中单击"修剪"按钮 ⟋ ▾ 后的三角符号，在弹出的下拉列表中选择"延伸"命令	执行"extend"命令
选择对象或<全部选择>：选择图 4-42 左图所示的圆✓	确定延伸边界
选择要延伸的对象，或按住 Shift 键选择要修剪的对象，或[栏选（F）/窗交（C）/投影（P）/边（E）/放弃（U）]：在要延伸的对象上单击，或采用窗交方式选择要延伸的一侧✓	选择要延伸的对象，如图 4-42 中图所示
选择要延伸的对象，或按住 Shift 键选择要修剪的对象，或[栏选（F）/窗交（C）/投影（P）/边（E）/放弃（U）]：✓	结束延伸，结果如图 4-42 右图所示

素材：ch04\4-4-y3.dwg
效果：ch04\4-4-y3-ok.dwg

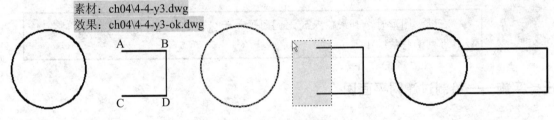

图 4-42　延伸对象

在指定延伸边界和延伸对象时，既可以采用单击方式选取，也可以采用窗选或窗交方式选取。但无论采用哪种方式指定延伸对象，其单击的位置或选择的区域都必须靠近希望延伸的一侧，否则对象将无法延伸。

四、缩放对象

使用"缩放"（"scale"）命令可在不改变对象长宽比的前提下将所选对象按指定的比例放大或缩小。在缩放图形时，既可以通过输入坐标值确定基点（缩放中心），也可以通过选择图形中的某个特征点来确定。当确定基点后，所有要缩放的对象将以该点为中心，按指定的比例进行缩放。

例如，要将图 4-43 左图所选区域内的图形放大 1.2 倍（结果参见图 4-43 右图），其操作步骤如下。

提示与操作	说明
命令：在"常用"选项卡的"修改"面板中单击"缩放"按钮	执行"scale"命令
选择对象：采用窗交方式选择图 4-43 左图所示图形↙	确定缩放对象
指定基点：捕捉所选对象的中心，待出现图 4-42 中图所示追踪线时单击	确定缩放的基点
指定比例因子或[复制（C）/参照（R）]：输入"1.2"↙	将对象以所选基点为中心放大 1.2 倍，结果如图 4-43 右图所示

素材：ch04\4-4-y4.dwg

效果：ch04\4-4-y4-ok.dwg

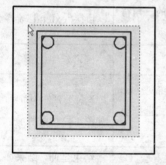
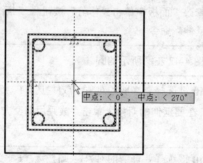
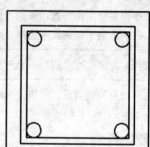

图 4-43　缩放对象

> 在缩放图形时，如果输入的比例因子大于 1，则所选对象将被放大到指定倍数。否则，将被缩小。

任务实施——绘制过滤网平面图

下面，我们将通过在图 4-44 左图所示的图形的基础上绘制右图所示的过滤网，来学习形状相同而尺寸不相同的多个图形对象的绘制方法。

素材：ch04\4-4-r1.dwg
效果：ch04\4-4-r1-ok.dwg
视频：ch04\4-4-r1.exe

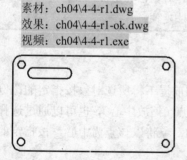
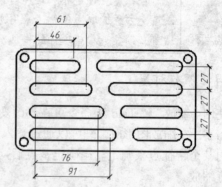

图 4-44　过滤网平面图

制作思路

由于过滤网中各长圆孔的形状和宽度相同，因此，我们可以先将图 4-44 左图所示的长圆孔向其下方按尺寸复制 3 个，然后分别将其进行拉伸，最后再利用"旋转"命令将左侧 4 个长圆孔旋转并复制即可。

制作步骤

步骤 1 打开本书配套光盘中的"素材" > "ch04" > "4-4-r1.dwg"文件，如图 4-44 左图所示。

步骤 2 在"常用"选项卡的"修改"面板中单击"复制"按钮，选取图 4-44 左图所示的长圆孔并按【Enter】键，指定复制对象，然后在绘图区任意位置单击并竖直向下移动光标，待出现竖直极轴追踪线时依次输入 27、54 和 81 并分别按【Enter】键，最后按【Enter】键结束命令，结果如图 4-45 所示。

步骤 3 在"常用"选项卡的"修改"面板中单击"拉伸".按钮，采用窗交方式选取图 4-46 左图所示的长圆孔并按【Enter】键，然后在绘图区任意位置单击，接着水平向右移动光标，待出现图 4-46 右图所示的水平极轴追踪线时输入值"15"并按【Enter】键，结果如图 4-47 所示。

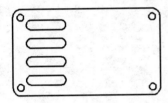 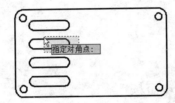 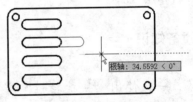

图 4-45　复制图形对象　　　　　图 4-46　指定拉伸对象和拉伸方向

步骤 4 按【Enter】键重复执行"拉伸"命令，采用同样的方法依次将其他两个长圆孔分别向右拉伸 30 和 45 个绘图单位，结果如图 4-48 所示。

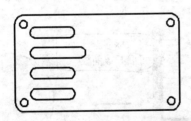 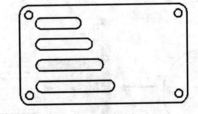

图 4-47　拉伸长圆孔　　　　　　　图 4-48　继续拉伸长圆孔

步骤 5 选取所有长圆孔，然后在"常用"选项卡的"修改"面板中单击"旋转"按钮，捕捉图 4-49 左图所示的两个中点，待出现图中所示的水平和垂直极轴追踪线时单击，接着输入"c"，按【Enter】键以选择"复制"选项，最后输入旋转角度值"180"并按【Enter】键，结果如图 4-49 右图所示。

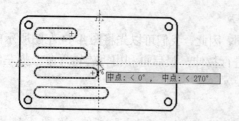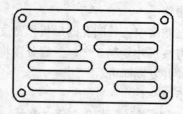

图 4-49　旋转并复制长圆孔

任务五　调整图形对象的属性

任务说明

如前所述，AutoCAD 中的所有图形元素都是在某一图层上绘制的，因此，图形使用的是其所在图层的特性，如颜色、线型和线宽等。那么，是否可以单独修改对象的某个属性，使其不随图层特性的变化而变化呢？答案是肯定的。下面，我们就来具体学习修改对象特性的几种常用方法。

预备知识

一、使用"快捷特性"浮动面板

确认状态栏中的 <kbd>QP</kbd>（快捷特性）开关处于打开状态，然后选择已绘制的图形对象，此时绘图区将出现一个浮动面板，该面板显示了所选对象的常规属性和其他参数。要修改该对象的某个属性，只需在其后的列表框中双击，然后在弹出的下拉列表中选择所需选项即可，如图 4-50 所示。

图 4-50　利用"快捷特性"浮动面板修改对象属性

在"快捷特性"浮动面板中，"颜色"和"线型"选项后的"ByLayer"（随层）表示其属性始终与该对象所在图层的属性相同。

单击图 4-50 所示的"快捷特性"浮动面板右上角的"自定义"按钮，可在打开的对话框中设置需要在"快捷特性"浮动面板中显示的属性。

二、使用"特性"选项板

利用"特性"选项板可以修改图形对象的图层,以及颜色、线型、线型比例和尺寸等属性。要修改图形对象的某一属性,可选中图形对象后在"视图"选项卡的"选项板"面板中单击"特性"按钮🖽,或在绘图区右击,从弹出的快捷菜单中选择"特性"选项,打开"特性"选项板,然后单击要修改的属性右侧的列表框将其激活,接着进行修改即可。

若当前已选中一个对象,则在"特性"选项板中将显示该对象的详细特性;若已选中多个对象,则在"特性"选项板中将显示它们的共同特性。例如,在只选中圆和同时选中圆与直线时,"特性"选项板显示的内容是不同的,如图 4-51 所示。

图 4-51 "特性"选项板显示的内容

三、使用"特性匹配"命令

"特性匹配"命令用于将源对象的颜色、图层、线型、线型比例、线宽、透明度等属性一次性复制给目标对象。要执行该命令,可在"常用"选项卡的"剪贴板"面板中单击"特性匹配"按钮🖽,然后依次选取匹配的源对象和要修改属性的图形对象。

例如,要将图 4-52 左图中的左侧轴线的颜色、线型和线型比例匹配给其右侧的直线 AB和 CD(结果参见图 4-52 右图),其具体操作步骤如下。

素材:ch04\4-5-y3.dwg
效果:ch04\4-5-y3-ok.dwg

图 4-52 使用"特性匹配"命令修改轴线的特性

步骤1 打开本书配套光盘中的"素材">"ch04">"4-5-y3.dwg"文件,如图 4-52 左图所示。

步骤 2 在"常用"选项卡的"剪贴板"面板中单击"特性匹配"按钮，然后单击选取图 4-52 左图中的任意一条轴线，以指定匹配的源对象。

步骤 3 根据命令行提示输入"s"并按【Enter】键，打开"特性设置"对话框。在该对话框的"基本特性"设置区中选中图 4-53 所示所示的复选框。

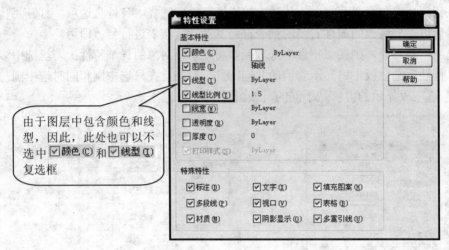

图 4-53 "特性设置"对话框

步骤 4 单击 ▭确定 按钮，选择图 4-52 左图中的直线 AB 和 CD，按【Enter】键结束命令，结果如图 4-52 右图所示。

使用"特性匹配"命令可以将所选对象上的所有属性（包括在"特性"选项板中修改的属性）匹配给其他对象。

默认情况下，"特性设置"对话框中"基本特性"设置区中的各复选框都处于选中状态。如果不需要重新设置，可直接进行匹配操作。

任务实施——调整简单图形的属性

下面，我们将通过调整图 4-54 左图所示简单图形的属性及轴线 AB 的比例因子（结果参见图 4-54 右图），来进一步学习调整图形对象的属性的具体操作方法。

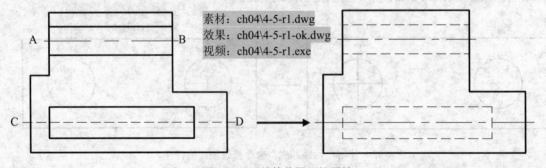

素材：ch04\4-5-r1.dwg
效果：ch04\4-5-r1-ok.dwg
视频：ch04\4-5-r1.exe

图 4-54 调整简单图形的属性

制作思路

比例图 4-54 中的两个图形，我们可先使用"特性匹配"命令将左图中直线 AB 的属性匹配给矩形和轴线 CD 两侧的直线，然后在"特性"选项板中调整轴线 CD 的比例，最后将该轴线 AB 的比例、颜色和线型匹配给直线 AB。

制作步骤

步骤 1 打开本书配套光盘中的"素材">"ch04">"4-5-r1.dwg"文件，如图 4-54 左图所示。

步骤 2 在"常用"选项卡的"剪贴板"面板中单击"特性匹配"按钮，单击选取图 4-55 左图中的直线 AB，以指定匹配的源对象，然后依次单击图 4-55 左图所示的矩形及轴线 CD 两侧的直线，最后按【Enter】键结束命令，结果如图 4-55 右图所示。

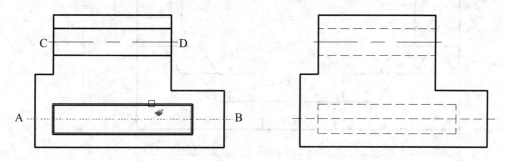

图 4-55 特性匹配（一）

步骤 3 选取图 4-56 左图所示的轴线 AB，然后在打开的"特性"选项板的"线型比例"编辑框中输入比例值"2"并按【Enter】键，如图 4-56 右图所示。

步骤 4 在"常用"选项卡的"剪贴板"面板中单击"特性匹配"按钮，将图 4-56 左图所选轴线的线型及比例匹配给图 4-55 左图所示的直线 AB，结果如图 4-57 所示。

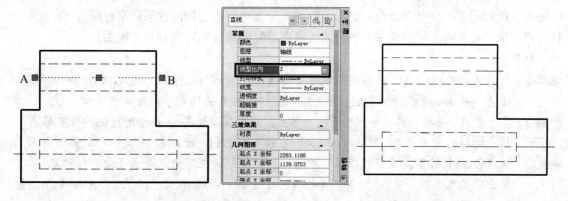

图 4-56 调整轴线的线型比例　　　　　　　图 4-57 特性匹配（二）

提示　　若在"特性"选项板中单独修改某个对象的属性后，只有使用"特性匹配"命令才能将该属性匹配给其他对象。

任务六　综合案例——绘制电视柜立面图

在进一步熟悉了本项目所学的编辑命令后，下面，我们来绘制图 4-58 所示的电视柜立面图（不要求标注尺寸）。

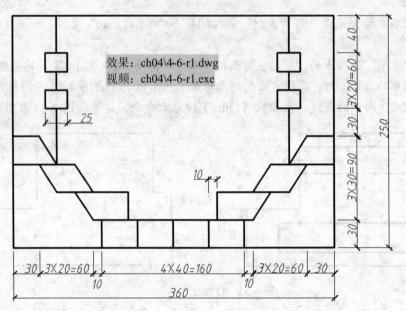

效果：ch04\4-6-r1.dwg
视频：ch04\4-6-r1.exe

图 4-58　电视柜立面图

制作思路

观察图 4-58 所示的电视柜立面图可知，该图形的主要形体是矩形，因此我们可以先使用"矩形"命令绘制其外轮廓线，然后再使用该命令和"矩形阵列"命令绘制其下方的 4 个连续矩形，接着利用"复制"命令和矩形上的夹点绘制电视柜右侧的梯形和平行四边形，最后使用"镜像"命令将右侧的梯形和平行四边形进行复制镜像即可得到另一侧图形。

制作步骤

步骤 1　启动 AutoCAD 2011，然后将"0"图层的线宽设置为"0.35mm"。关闭状态栏中的 栅格 开关，并确认 极轴 、 对象捕捉 、 对象追踪 、 DYN 和 线宽 开关均处于打开状态。

步骤 2　在"常用"选项卡的"绘图"面板中单击"矩形"按钮 □ ，在绘图区任一位置单击，指定矩形的左下角点，然后输入"360，250"并按【Enter】键，指定矩形的另一角点。

步骤 3　按【Enter】键重复执行"矩形"命令，捕捉矩形的左下角点并水平向右移动光标，待出现追踪线时，输入"100"并按【Enter】键，接着输入"40，30"并按【Enter】键，结果如图 4-59 所示。

步骤 4　在"常用"选项卡的"修改"面板中单击"阵列"按钮 器 ，打开"阵列"对话框。按照图 4-60 中的数值设置各个参数，然后单击"选择对象"按钮 图 ，选择图 4-59 中的小矩形并按【Enter】键，最后单击 确定 按钮，结果如图 4-61 所示。

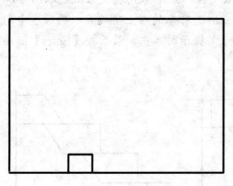

图 4-59 绘制矩形

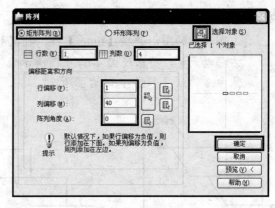

图 4-60 "阵列"对话框

步骤5 在"常用"选项卡的"修改"面板中单击"复制"按钮，然后选择矩形1并按【Enter】键，捕捉并单击该矩形的左下角点后输入"10，30"并按【Enter】键，即可得到一个矩形；接着捕捉并单击复制得到的矩形的右上角端点A，得到第二个矩形；捕捉并单击复制得到的第二个矩形的右上角端点B，得到第三个矩形；最后按【Enter】键结束命令，结果如图4-62所示。

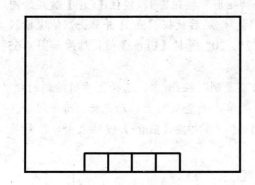

图 4-61 阵列矩形效果图

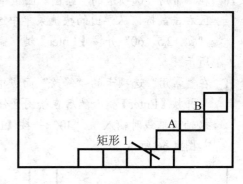

图 4-62 复制矩形

步骤6 选择上步复制所到的第一个矩形，然后捕捉并单击该矩形的右上角端点，移动光标，待出现图4-63左图所示的"中点"提示时单击，最后按【Esc】键取消所选对象。

步骤7 参照图4-63中其他图形所示，利用矩形的夹点调整其形状，结果如图4-64左图所示。

图 4-63 利用矩形的夹点调整其形状

步骤 8 在"常用"选项卡的"修改"面板中单击"拉伸"按钮，采用窗交方式选取图 4-64 左图所示的图形并按【Enter】键，捕捉并单击所选对象的右上角端点，然后水平向 右移动光标，待出现图 4-64 中图所示的"交点"提示时单击，最后按【Enter】键结 束命令，结果如图 4-64 右图所示。

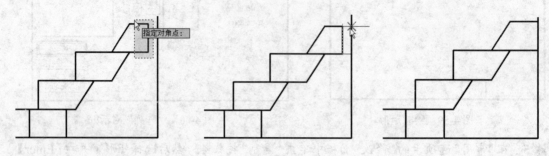

图 4-64 拉伸梯形

步骤 9 在"常用"选项卡的"绘图"面板中单击"直线"按钮，捕捉端点 B 并单击，然 后绘制图 4-65 所示的竖直直线。

步骤 10 在"常用"选项卡的"绘图"面板中单击"矩形"按钮，按住【Ctrl】键在绘图 区右击鼠标，从弹出的快捷菜单中选择"自"，然后捕捉端点 B 并单击，依次输入 "@-12.5，60"并按【Enter】键，输入"25，20"并按【Enter】键，结果如图 4-65 所示。

步骤 11 在"常用"选项卡的"修改"面板中单击"复制"按钮，选择上步所绘制的矩 形并按【Enter】键，然后在绘图区任一位置单击并竖直向上移动光标，待出现竖直 极轴追踪线时输入值"40"并按【Enter】键，再次按【Enter】键结束命令，结果 如图 4-66 所示。

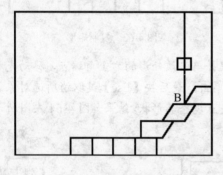
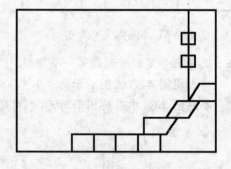

图 4-65 绘制直线和矩形　　　　　　　　图 4-66 复制矩形

步骤 12 在"常用"选项卡的"修改"面板中单击"修剪"按钮，然后按【Enter】键， 将所有图形对象作为修剪边界，接着单击图 4-66 所示矩形内的直线进行修剪，最 后按【Enter】键结束命令，结果如图 4-67 所示。

步骤 13 在"常用"选项卡的"修改"面板中单击"镜像"按钮 △，选择图 4-68 所示的图形并按【Enter】键，然后捕捉并单击直线 AB 的中点，接着竖直向下移动光标，待出现极轴追踪线时单击，最后按【Enter】键采用默认的不删除镜像源对象，结果如图 4-58 所示。

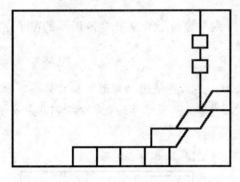

图 4-67　修剪图形

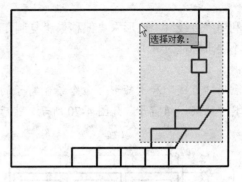

图 4-68　选择要镜像的对象

项目总结

通过本项目的学习，读者应掌握一些常用图形编辑命令的使用方法。此外，还应注意以下几点。

➤ 在对图形进行移动、旋转、偏移、复制、镜像和阵列等操作时，既可以先选择要进行操作的对象，然后再选择所需命令，也可以先选择命令，然后再选择对象。

➤ 使用"修剪"命令修剪图形对象时，既可以选择某些图形对象作为修剪边界，也可以直接按【Enter】键，将所有图形对象作为修剪边界。

➤ 掌握复制类命令之间的区别，尤其是镜像与阵列，矩形阵列与环形阵列之间的区别。

➤ 使用"圆角"命令时，可根据命令行提示设置圆角的半径、修剪模式，以及是否进行连续修圆角等操作；使用"倒角"命令时，除了可设置修剪模式和倒角次数外，还可以选择倒角方式，即通过指定两个倒角距离或指定第一条边的倒角距离和角度进行倒角。

➤ 使用"拉伸"、"拉长"和"延伸"命令都可以改变图形对象的大小。其中，"拉伸"命令一般用于将多个图形对象进行拉伸，且要拉伸的对象只能采用窗交方式选取，而使用"拉长"或"延伸"命令时，一次只能拉长或延伸一个图形对象。

➤ 对象的属性包括颜色、线型、线宽及线型比例等。在 AutoCAD 中，我们可利用"快捷特性"浮动面板、"特性"选项板和"特性匹配"命令修改对象的属性。

➤ 总的来说，要使用 AutoCAD 快速绘制图形，关键是要多练习，在实践中体会这些命令的使用技巧和绘图思路。

项目实训

一、绘制某窗子立面图

利用"直线"、"矩形"、"偏移"、"复制"或"阵列"等命令绘制图 4-69 所示的窗子立面图（不要求标注尺寸）。

提示：

利用"直线"和"矩形"命令绘制窗子的外轮廓，然后再使用"矩形"和"偏移"命令绘制其中的某一组窗子，如图 4-70 所示，然后再使用"复制"或"阵列"命令绘制其余窗子。

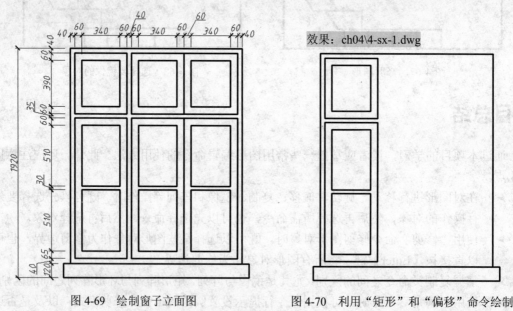

效果：ch04\4-sx-1.dwg

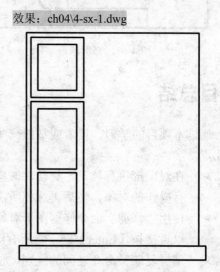

图 4-69 绘制窗子立面图　　　　图 4-70 利用"矩形"和"偏移"命令绘制

二、绘制小屋立面图

利用"直线"、"构造线"、"偏移"、"延伸"、"阵列"和"修剪"等命令绘制图 4-71 所示的小屋立面图（不要求标注尺寸）。

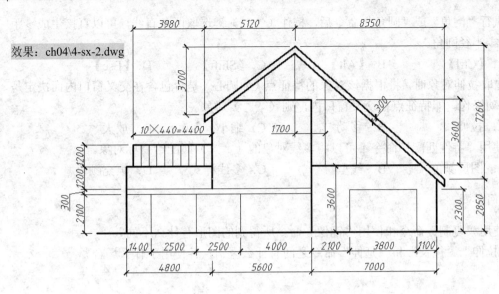

效果：ch04\4-sx-2.dwg

图 4-71 小屋立面图

提示：

先绘制图 4-72 所示图形小屋外轮廓，然后利用"构造线"、"偏移"和"修剪"等命令绘制其余线条。

图 4-72 小屋外轮廓

项目考核

一、选择题

1. 在执行（   ）命令的过程中，不能删除源对象。

    A. 移动   B. 旋转   C. 复制   D. 镜像

2. 利用（   ）命令可创建与选定对象类似的新对象，并使生成的对象处于源对象的内侧或外侧。

    A. 移动   B. 复制   C. 旋转   D. 偏移

3. 使用（   ）命令可将所选图形按照一定数量、角度或距离创建多个副本。

    A. 移动   B. 复制   C. 镜像   D. 阵列

4. 执行"倒角"或"圆角"命令后，按住（　　）键选取两条直线，可以直接生成零距离倒角或零半径圆角。

  A.【Ctrl】   B.【Alt】   C.【Shift】   D.【Esc】

5. 选取拉伸对象时，将根据该对象的特征点（如圆心）是否包含在交叉窗口内而决定是否进行移动操作。即特征点在交叉窗口内，则（　　）对象。

  A. 拉伸   B. 移动   C. 缩小   D. 放大

6. 使用"特性匹配"命令不可以将多线对象的（　　）匹配给目标对象。

  A. 图层颜色   B. 线型   C. 多线样式   D. 填充颜色

二、问答题

1. 使用"复制"命令和使用"镜像"命令所得到的图形有什么不同？

2. "拉伸"、"拉长"和"延伸"命令之间有什么区别？各使用于什么场合？

项目五　创建和使用块

项目描述

　　在绘制建筑图形时，有许多图形是需要经常使用的，如门、柱子，以及洗脸池、浴缸和洗衣机等家用电器。为了减少重复工作，我们可将这类需要经常使用的图形对象定义为块，使用时直接将其插入到所需位置。此外，我们还可以为块定义属性和动作，使用时将该图块直接插入到所需位置并修改其属性文字或形状及尺寸等。

学习目标

- ✍ 能够将一些常用图形设置为块并储存，然后将其插入到所需位置。
- ✍ 能够将形状相同而文字不同的图形设置为带属性的块，并在插入带属性的块时能赋予其所需文字。
- ✍ 能够为图块添加合理的参数和与该参数相关联的动作，并能够根据所添加的参数和动作快速修改图形的尺寸或形状。
- ✍ 能够根据绘图需要，合理地使用"工具选项板"和"设计中心"中的块。

任务一　创建和使用普通块

任务说明

　　块是由一个或多个图形对象组成的图形单元，可以作为一个独立的对象来操作。对于已经创建的图块，我们不仅可以将其进行单独储存，还可以将其以指定的比例和旋转角度插入到其他文件中。对于已经插入的图块，还可以修改其形状，或对其进行复制、旋转和分解等操作。

预备知识

一、创建和储存块

为了提高绘图效率，我们可以将一些常用的图形或符号制作成块，然后将其储存在合适的文件夹中，以便在绘图过程中随时使用。

1. 创建块

创建块时，需要指定块的名称、组成块的图形对象、插入时要使用的基点及块的单位等。例如，要将图 5-1 所示的沙发平面图定义为块，具体的操作方法如下。

素材：ch05\5-1-y1.dwg

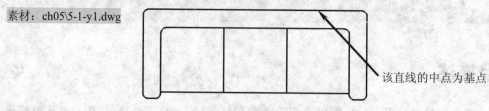

该直线的中点为基点

图 5-1　沙发平面图

步骤 1 打开本书配套光盘中的"素材" > "ch05" > "5-1-y1.dwg"文件，然后在"常用"选项卡的"块"面板中单击"创建"按钮 ，打开"块定义"对话框。

步骤 2 在"名称"编辑框中输入块的名称，如"沙发"，在"基点"设置区中单击"拾取点"按钮 ，然后捕捉图 5-1 所示直线的中点并单击，以指定插入基点，此时系统将自动返回至"块定义"对话框，如图 5-2 所示。

利用这 3 个单选钮可设置定义块后对源对象的处理方式

单击此按钮，可在打开的"快速选择"对话框中通过指定条件（如颜色、线型等）来过滤选择集

是否创建带有注释特性的块

控制是否将组成块的对象按比例统一缩放

控制创建的块能否被分解为单个图形元素

可在该编辑框中输入关于块的一些说明文字

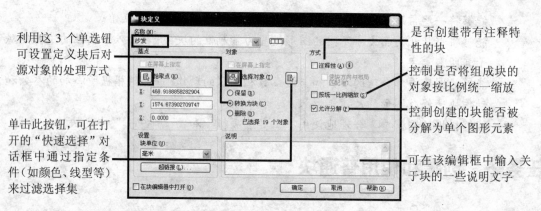

图 5-2　"块定义"对话框

步骤 3 在"对象"设置区中单击"选择对象"按钮 ，然后选取图 5-1 所示的整个图形，按【Enter】键结束对象选取。

步骤 4 采用默认选中的"转换为块"单选钮，并在"块单位"下拉列表中使用系统默认的单位"毫米"，单击 确定 按钮，完成块的创建。

　　　　为了使创建的块能够按照所需要的比例插入到所需图形文件中，因此，创建块时的单位应尽量与图形文件的绘图单位一致，一般为毫米。

　　　　在绘图区选取一组图形对象，然后按【Ctrl+C】或【Ctrl+X】组合键，将其复制或剪切到剪贴板中，接着单击鼠标右键，从弹出的快捷菜单中选择"剪贴板" > "粘贴为块"命令，也可以将所选对象转换为块（此时的块名由系统自动产生）。

2. 储存块

为了便于在其他图形文件中使用创建的块，应将创建的块储存为独立的图形文件（称为外部块）。要存储块，我们可执行"wblock"命令。例如，要将创建的"沙发"块进行存储，可按如下方法进行操作。

步骤 1 在命令行中输入"wblock"并按【Enter】键，在打开的"写块"对话框的"源"设置区选中"块"单选钮，如图 5-3 所示。

如果当前图形文件中没有定义的块，可以选中"对象"单选钮，然后通过指定基点和图形对象创建块；也可以选中"整个图形"单选钮，将整个图形定义为块，其插入基点为坐标原点

使用块时，系统将按照此处的单位插入该块

单击此按钮，可在打开的"浏览图形文件"对话框中设置该块的存储位置

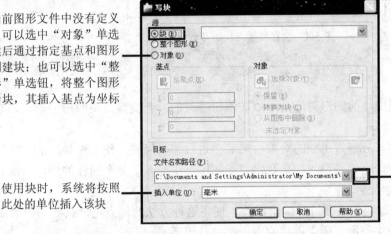

图 5-3 "写块"对话框

步骤 2 在"块"单选钮后的下拉列表框中选择当前图形文件中已定义的块，如"沙发"；在"目标"设置区的"文件名和路径"编辑框中输入块的存储位置，或通过单击其后的"浏览"按钮□来设置块的存储位置。

步骤 3 采用系统默认的插入单位"毫米"，单击 确定 按钮，即可将该块存储起来。

二、插入块

要使用当前图形文件或其他图形文件中所创建的块，可在"常用"或"插入"选项卡的"块"面板中单击"插入"按钮□，或在命令行中输入"i"并按【Enter】键，执行"insert"命令，具体操作步骤如下。

步骤 1 启动 AutoCAD 2011，在"常用"选项卡的"块"面板中单击"插入"按钮□，打开"插入"对话框，如图 5-4 所示。

步骤 2 要插入在当前文件中创建的块（称为内部块），只需在"插入"对话框的"名称"下拉列表框中选择要插入块的名称。否则，单击 浏览(B)... 按钮，在打开的"选择图形文件"对话框中选择要插入的块，如选择前面所储存的"沙发"块，如图 5-5 所示。

步骤 3 单击 打开(O) 按钮，然后在"插入"对话框的"插入点"设置区中选择"在屏幕上指定"复选框，表示在绘图区指定块的插入点，其他采用系统默认设置，如图 5-4 所示。单击 确定 按钮，在绘图区任一位置单击指定插入点，即可完成块的插入。

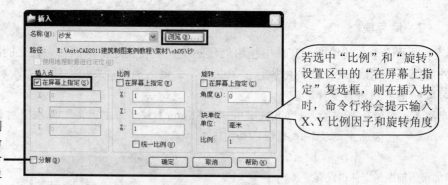

选中该复选框，则可使用"分解"命令将所插入的块分解成单个图形对象

若选中"比例"和"旋转"设置区中的"在屏幕上指定"复选框，则在插入块时，命令行将会提示输入X、Y 比例因子和旋转角度

图 5-4　设置要插入块的参数

三、编辑块

一般情况下，组成块的图形对象是不能被编辑修改的。若要修改块图形的形状，有两种方法。

> **方法一**：将其分解为单独的对象，然后再进行编辑修改。使用这种方法只能编辑某个特定对象，也就是说，如果我们在一幅图形中插入了多个同样的块，一次只能修改一个，这显然太麻烦了。

> **方法二**：借助块编辑器进行编辑修改。使用这种方法的优点是，只要编辑绘图区中的任何一个块引用，所有该块的引用都自动更新。

下面，我们以方法二为例，来讲解编辑块图形的具体操作方法。

步骤 1　双击绘图区中的"沙发"块，或选中该图块，然后在"常用"选项卡的"块"面板中单击"编辑"按钮 ，打开"编辑块定义"对话框，如图 5-6 所示。

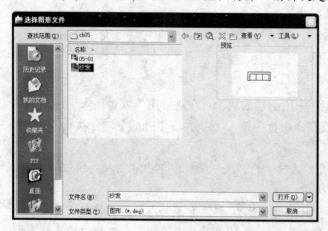

图 5-5　选择要插入的块

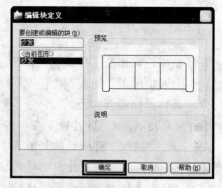

图 5-6　"编辑块定义"对话框

步骤 2　在该对话框中选择要编辑的块，然后单击 确定 按钮，可打开块编辑器界面，如图 5-7 所示。该界面默认显示的选项卡为"块编辑器"，但"常用"、"插入"等选项卡皆可使用。因此，我们可以借助这些选项卡中的相关命令对绘图区中的块图形进行编辑修改。

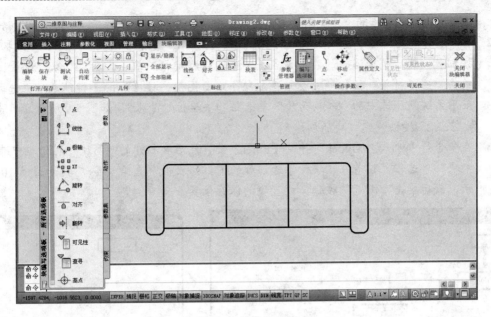

图 5-7　块编辑界面

步骤 3　修改结束后，应先在"块编辑器"选项卡的"打开/保存"面板中单击"保存块"按钮 ![保存块图标]，然后单击"关闭"面板中的"关闭块编辑器"按钮 ![关闭图标]，或直接单击"关闭块编辑器"按钮 ![关闭图标]，并在打开的"块—未保存更改"对话框中选择"将更改保存到沙发（S）"选项，即可保存修改结果。

任务实施——创建"浴缸"图块并将其插入图形中

下面，我们通过将图 5-8 左图所示的浴缸定义为块，然后再将其插入图 5-8 中图所示的卫生间中（结果参见图 5-8 右图），来进一步学习创建块、存储块和插入块的具体操作方法。

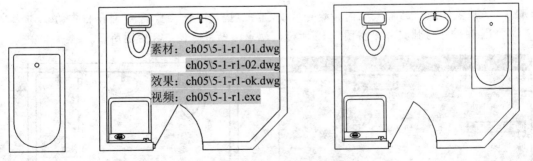

素材：ch05\5-1-r1-01.dwg
　　　ch05\5-1-r1-02.dwg
效果：ch05\5-1-r1-ok.dwg
视频：ch05\5-1-r1.exe

图 5-8　将浴缸定义为块并插入图形中

制作步骤

步骤 1　打开本书配套光盘中的"素材" > "ch05" > "5-1-r1-01.dwg"文件，如图 5-8 左图所示。

步骤 2 在"常用"选项卡的"块"面板中单击"创建"按钮 ，打开"块定义"对话框。在"名称"编辑框中输入块的名称，如"浴缸"，在"基点"设置区中单击"拾取点"按钮 ，然后捕捉浴缸的右上角点并单击，以指定插入基点；在"对象"设置区中单击"选择对象"按钮 ，然后选取整个浴缸图形，按【Enter】键结束对象选取。

步骤 3 采用系统默认选中的"转换为块"单选钮和块单位"毫米"，如图 5-9 所示。单击 确定 按钮，完成块的创建。

步骤 4 在命令行中输入"wblock"并按【Enter】键，然后在打开的"写块"对话框中选中"块"单选钮，接着在"块"单选钮后的下拉列表框中选择"浴缸"，如图 5-10 所示，最后单击"浏览"按钮 设置块的保存位置。

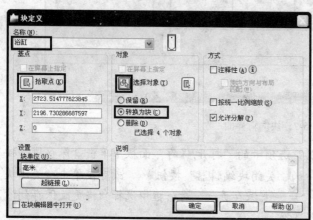

图 5-9 "块定义"对话框

图 5-10 "写块"对话框

步骤 5 采用系统默认的插入单位"毫米"并单击 确定 按钮，即可将该块存储起来。

步骤 6 打开本书配套光盘中的"素材" > "ch05" > "5-1-r1-02.dwg"文件。在"常用"选项卡的"块"面板中单击"插入"按钮 ，在打开的"插入"对话框中单击 浏览(B)... 按钮，在打开的"选择图形文件"对话框中选择上步所储存的"浴缸"图块并单击 打开(O) 按钮。

步骤 7 采用系统默认的插入比例和旋转角度，单击图 5-11 所示的"插入"对话框中的 确定 按钮，然后捕捉并单击图 5-12 所示的端点，结果如图 5-8 右图所示。

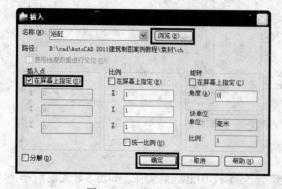

图 5-11 "插入"对话框

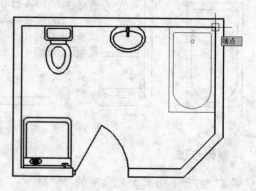

图 5-12 捕捉插入的基点

任务二　创建和使用带属性的块

任务说明

在 AutoCAD 中，除了可以创建普通块外，还可以创建带有附加信息的块，这些附加信息被称为属性。这些属性好比附于商品上面的标签，它包含块中的所有可变参数，方便用户进行修改。下面我们就来学习创建和使用带属性的块的操作方法。

预备知识

一、创建带属性的块

带属性的块实际上是由图形对象和属性对象组成的。利用"常用"选项卡的"块"面板中的"定义属性"按钮，或在"插入"选项卡的"属性"面板中单击"定义属性"按钮，可为图形附加一些可更改的说明性文字。

例如，要将图 5-13 左图所示的办公桌创建为带属性的图块（要求：办公桌有编号、姓名和职务；文字高度为 120），其效果图如 5-13 右图所示，具体操作步骤如下。

素材：ch05\5-2-y1.dwg
效果：ch05\5-2-y1-ok.dwg

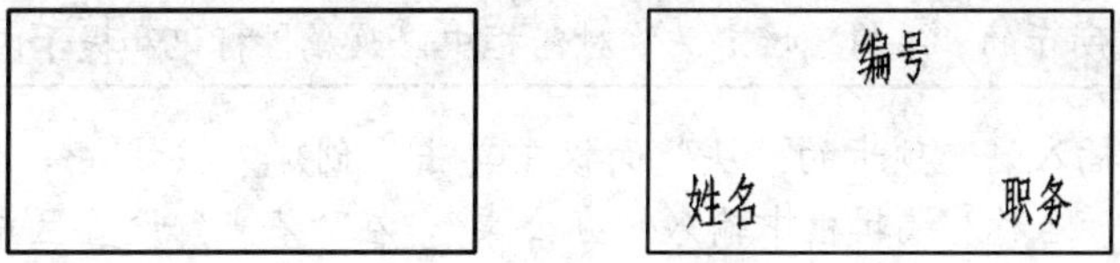

图 5-13　创建带属性的办公桌

步骤 1　打开本书配套光盘中的"素材"＞"ch05"＞"5-2-y1.dwg"文件，然后在"插入"选项卡的"属性"面板中单击"定义属性"按钮，打开"属性定义"对话框。

步骤 2　在"属性"设置区的"标记"编辑框中输入"编号"，在"提示"编辑框中输入"请输入编号"，在"插入点"设置区中选中 ☑在屏幕上指定⑩ 复选框，在"文字高度"编辑框中输入"120"，如图 5-14 所示。

"属性定义"对话框的"模式"设置区中各复选框的意义如下。

➢ **不可见**：选择该复选框，表示该属性不可见。

➢ **固定**：选择该复选框，表示该属性的内容由"默认"编辑框中的值确定。

➢ **验证**：选择该复选框，表示插入块时系统将提示检查该属性值的正确性。

➢ **预设**：选择该复选框，表示插入块时命令行中不再出现"提示"编辑框中的信息，而直接使用属性的"默认"值。但是，用户仍可在插入块后更改该属性值。

➢ **锁定位置**：选择该复选框，表示锁定块参照中属性的位置。

➢ **多行**：选择该复选框，表示属性值可以包含多行文字。

步骤 3 其他采用系统默认，单击 确定 按钮，然后在矩形办公桌内的合适位置处单击，指定属性文字的插入点，如图 5-15 所示。

"提示"编辑框中的内容仅起提示作用，读者也可以根据需要在该编辑框中不输入任何内容

若该属性的位置不合适，可利用"移动"命令或该属性上的夹点调整其位置

图 5-14 "属性定义"对话框　　　　　图 5-15 放置"编号"属性

步骤 4 按【Enter】键重复执行"定义属性"命令，参照图 5-13 右图所示的文字为办公桌添加其他属性。

要为图形添加多个属性文字，除了上述方法外，还可以利用"复制"命令将图 5-15 所创建的属性文字复制到其他位置，然后再双击该属性，在打开的图 5-16 所示的"编辑属性定义"对话框中修改属性标记和提示内容。

步骤 5 在"插入"选项卡的"块"面板中单击"创建"按钮，在打开的"块定义"对话框的"名称"编辑框中输入"办公桌"，在"基点"设置区中单击"拾取点"按钮，捕捉办公桌左下角点，当出现"端点"提示时单击。

步骤 6 单击"对象选择"按钮，采用窗交方式选取办公桌图形及所有属性标记，按【Enter】键结束块对象的选取；单击选中"保留"单选钮，其他设置采用默认，如图 5-17 所示。单击对话框中的 确定 按钮，完成带属性块的创建。

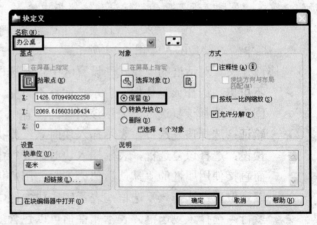

图 5-16 "编辑属性定义"对话框　　　　　图 5-17 "块定义"对话框

若选中图5-17所示"块定义"对话框中的"转换为块"单选钮，则在单击该对话框中的 [确定] 按钮后，系统将弹出"编辑属性"对话框。在该对话框的各编辑框中可输入所需文字，图5-18所示。

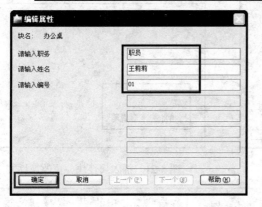

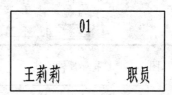

图5-18　更改属性文字

步骤7 执行"wblock"命令，在打开的"写块"对话框中单击"块"单选钮，并在其后的下拉列表框中选择"办公桌"，然后单击"文件名和路径"编辑框后的"浏览"按钮 [...] 设置块的保存位置，最后单击 [确定] 按钮，即可将该块存储起来。

二、使用带属性的块

插入带属性的块的方法与插入普通块的方法相同，只是在插入结束时需要重新输入属性值。例如，利用之前创建的"办公桌"图块布置图5-19左图所示的办公室（结果参见图5-19右图），具体操作步骤如下。

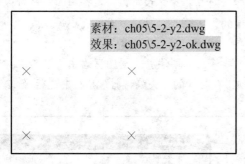

素材：ch05\5-2-y2.dwg
效果：ch05\5-2-y2-ok.dwg

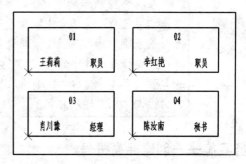

图5-19　布置办公室

步骤1 打开本书配套光盘中的"素材" > "ch05" > "5-2-y2.dwg"文件，如图5-19左图所示。

步骤2 在"常用"选项卡的"块"面板中单击"插入"按钮 ，打开"插入"对话框。单击该对话框中的 [浏览(B)...] 按钮，在打开的"选择图形文件"对话框中选择之前保存的"办公桌"图块后单击 [打开(Q)] 按钮，其他采用默认设置，如图5-20所示。

步骤3 单击 [确定] 按钮，然后捕捉图5-19左图的左下角处的点×，待出现"节点"提示时单击，指定"办公桌"块的位置，然后根据命令行提示依次输入肖川豫、经理和03 并按【Enter】键，结果如图 5-21 所示。

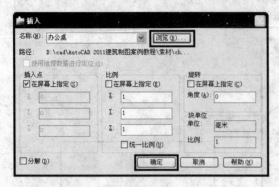

图 5-20　选择带属性的块

图 5-21　插入属性块并更改属性文字

提示

若无法扑捉到点 ✕ 上的"节点"时，可右击状态栏中的 对象捕捉 按钮，然后在弹出的列表中选择"节点"选项。

创建块时所选择的块对象的顺序不同，插入属性块时，命令行中的提示信息的顺序也会有所不同。

步骤 4　按【Enter】键重复执行"插入"命令，按照相同的方法插入其他"办公桌"图块，或者在"常用"选项卡的"修改"面板中单击"复制"按钮，然后将图 5-21 所示的图块依次复制到其他所需位置，然后双击某图块，参照图 5-19 右图所示内容在打开的"增强属性编辑器"对话框中修改各属性值。

知识库

若不需要填写某一属性值时，可直接按【Enter】键。

在图 5-22 所示的"增强属性编辑器"对话框中不仅可以修改属性值，还可以在"文字选项"选项卡中修改各属性值的文字样式、对正方式和大小等，在"特性"选项卡中为各属性值重新设置图层、线型、颜色和线宽等。

若要修改属性块的形状，可先选中要修改的图块并在绘图区右击，然后在弹出的快捷菜单中选择"块编辑器"选项，在打开的"块编辑器"界面中进行修改，其方法与编辑普通块相同。

任务实施——创建标高符号

一、创建标高符号

下面，我们通过将建筑图中用于表示房屋各部位地势高度的标高符号定义为带属性的块（要求：文字高度为 3.5 个图形单位，字体为 gbeitc.shx），来继续学习创建属性块的基本操作，其标高符号及

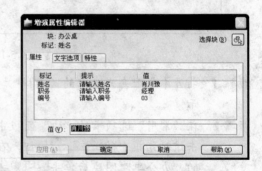

图 5-22　"增强属性编辑器"对话框

尺寸如图 5-23 所示。

效果：ch05\5-2-r1.dwg
视频：ch05\5-2-r1.exe

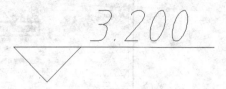

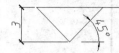

图 5-23 创建标高符号块

制作思路

国家标准对标高符号的尺寸有明确规定，因此应先按照图 5-23 左图所示的尺寸绘制标高图形，然后为其添加属性文字，最后将该图形及属性定义为带属性的块并储存。

制作步骤

步骤 1 启动 AutoCAD 2011，关闭状态栏中的 栅格 开关，并确认 极轴 、 对象捕捉 、 对象追踪 和 DYN 开关均处于打开状态，然后将极轴增量角设置为 "45"。

步骤 2 执行 "直线" 命令，然后绘制一条长度为 18 的水平直线，接着单击 "修改" 面板中的 "偏移" 按钮 ，将该直线向其上方偏移 3。

步骤 3 再次执行 "直线" 命令，捕捉图 5-24 左图所示的端点 A 并单击，然后移动光标，待出现图 5-24 左图所示的光标提示时单击，再次移动光标，待出现图 5-24 右图所示的光标提示时单击，最后按【Enter】键结束命令。

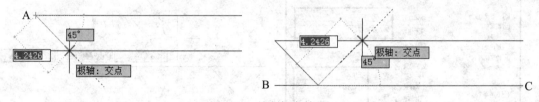

图 5-24 绘制标高符号

步骤 4 选择图 5-24 右图所示的直线 BC，然后按【Delete】键将其删除，结果如图 5-25 所示。

图 5-25 标高符号

步骤 5 单击 "注释" 选项卡的 "文字" 面板右下角的 按钮，打开 "文字样式" 对话框，然后在 "字体名" 下拉列表中选择 "gbeitc.shx" 字体，其他采用默认设置，如图 5-26 所示。依次单击 应用(A) 和 关闭(C) 按钮，完成字体的设置。

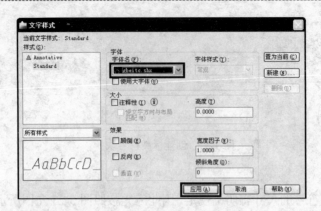

图 5-26 "文字样式"对话框

步骤 6 在"插入"选项卡的"属性"面板中单击"定义属性"按钮🏷️，打开"属性定义"对话框，参照图 5-27 左图所示的内容设置属性的标记、提示内容，以及文字的对齐方式、文字样式和文字高度等。

步骤 7 设置完成后单击 确定 按钮，然后在标高符号的合适位置处单击，以指定属性的插入点，结果如图 5-28 下图所示。

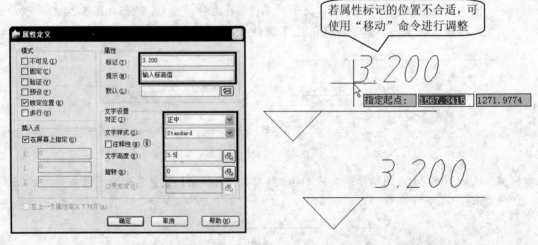

图 5-27 设置属性内容及其字高   图 5-28 添加属性标记

步骤 8 在"插入"选项卡的"块"面板中单击"创建"按钮🔳，在打开的"块定义"对话框的"名称"编辑框中输入"标高符号"，然后单击"拾取点"按钮🔳，捕捉并单击图 5-29 左图所示的端点为块基点。

步骤 9 单击"选择对象"按钮🔳，在绘图区选取标高符号及属性，按【Enter】键结束对象选取，然后选中该对话框中的"保留"单选钮，其他采用默认设置，如图 5-29 右图所示。单击 确定 按钮，完成"标高符号"的创建。

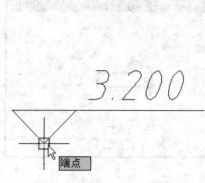

图 5-29 创建"标高符号"属性块

步骤 10 执行"wblock"命令,然后在打开的"写块"对话框中选中"块"单选钮,接着单击其后的列表框,在弹出的下拉列表中选择"标高符号",最后单击"文件名和路径"编辑框后的"浏览"按钮□,设置该图块的保存位置。设置完成后单击 确定 按钮,将其保存。

二、为住宅楼立面图标注标高符号

本任务中,我们将通过为图 5-30 所示的住宅楼立面图标注标高符号(为了提高绘图效率,我们直接插入任务一中所创建的块),来进一步学习带属性块的使用方法。

素材:ch05\5-2-r2.dwg
效果:ch05\5-2-r2-ok.dwg
视频:ch05\5-2-r2.exe

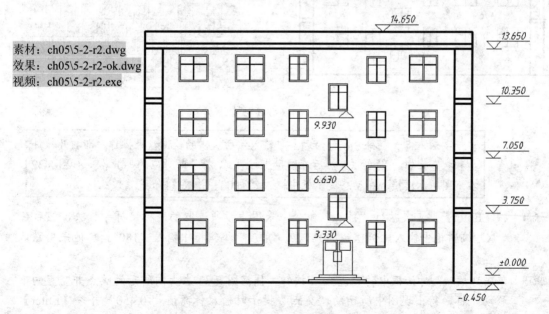

图 5-30 为住宅楼立面图标注标高符号

步骤 1 打开本书配套光盘中的"素材">"ch05">"5-2-r2.dwg"文件。在"插入"选项卡的"块"面板中单击"插入"按钮 🗗，打开"插入"对话框，单击该对话框中的 浏览(B)... 按钮，在打开的"选择图形文件"对话框中选择任务一中所创建的"标高符号"图块，然后单击 打开(O) 按钮。

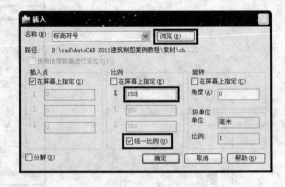

步骤 2 选中"插入"对话框中的"统一比例"复选框，然后在"X"编辑框中输入比例值"150"，其他采用默认设置，如图 5-31 所示。

图 5-31 "插入"对话框

步骤 3 单击 确定 按钮，然后捕捉图 5-32 左图所示标注线的中点，待出现图中所示"中点"提示时单击，接着输入标高值"±0.000"并按【Enter】键，结果如图 5-32 右上图所示。

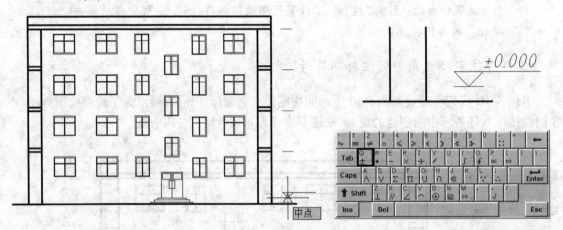

图 5-32 标注标高符号

提示 要输入"±"符号，可借助各种输入法所提供的软键盘来操作，即打开软件盘和状态栏中的 DYN 开关，然后在键盘上按"±"符号所对应的"Q"键，如图 5-32 右下图所示，接着在动态提示框中输入"0.000"并按【Enter】键。

步骤 4 按【Enter】键重复执行"插入"命令，采用上步所选取的"标记符号"块，然后在"X"编辑框中输入比例值"150"，在"角度"编辑框中输入"180"，其他采用默认设置。

步骤 5 单击"插入"对话框中的 确定 按钮，捕捉图 5-33 左上图所示的端点并竖直向下移动光标，待出现图中所示的"交点"提示时输入标高值"-0.450"并按【Enter】键，结果如图 5-33 左下图所示。

步骤 6 双击上步所标注的标高值为"-0.450"的符号，然后在打开的"增强属性编辑器"对话框中选择"文字选项"选项卡，选中其中的"反向"和"倒置"复选框，如图 5-34

所示，最后单击 [确定] 按钮。

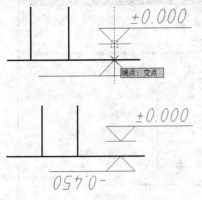

图 5-33　插入标高符号

图 5-34　"增强属性编辑器"对话框

步骤 7　参照图 5-30 中的标高符号，利用"常用"选项卡的"修改"面板中的"复制"按钮 ，将绘图区中的任一标高符号复制到所需位置，然后双击该块，在打开的图 5-34 所示的对话框中修改标高值、旋转角度及文字方向。

任务三　创建和使用动态块及系统内置的块

任务说明

动态块实际上就是定义了参数及其关联动作的块。使用动态块时，我们可以利用其上的夹点直接在绘图区动态地调整该图块的形状和尺寸，而不必在块编辑器中进行修改。另外，AutoCAD 还提供了一些系统内置的块，读者可根据需要直接使用这些块。

预备知识

一、创建和使用动态块

要使普通块转换为动态块，首先必须为块添加参数，然后添加与参数相关联的动作。例如，要为图 5-35 所示的"推拉式铝合金窗"图块添加距离参数及拉伸动作，使其在插入后能够使用该图块上的夹点快速调整窗户的尺寸，具体操作步骤如下。

素材：ch05\5-3-y1.dwg
效果：ch05\5-3-y1-ok.dwg

图 5-35　"推拉式铝合金窗"图块

步骤 1　打开本书配套光盘中的"素材" > "ch05" > "5-3-y1.dwg"文件，如图 5-35 所示。双击该图块，然后在打开的"编辑块定义"对话框中单击 [确定] 按钮，打开块编辑器界面，如图 5-36 所示。

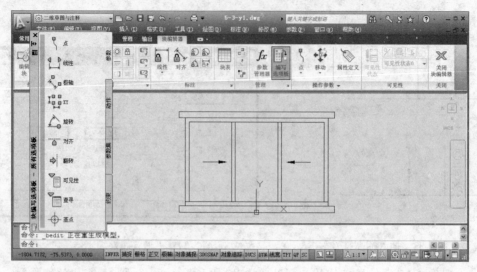

图 5-36　块编辑器界面

图 5-36 所示的"块编写选项板—所有选项板"中各选项卡的功能如下：

➢ **参数**：用于为块中的图形标注尺寸，如标注对象间的线性距离和旋转角度等。

➢ **动作**：用于为所添加的参数指定移动、缩放、拉伸和旋转等动作，该动作决定了块的动作，通常添加的动作需要与参数一致。

➢ **参数集**：用于为动态块添加成对的参数和动作。

➢ **约束**：在定义动态块时，可利用该选项卡中的按钮控制某些对象的位置及状态。例如，利用"共线"按钮可控制该动态块在动作时，所指定的几个对象始终平行。

步骤 2　打开"块编写选项板—所有选项板"中的"参数"选项卡，然后单击"线性"按钮 线性，依次捕捉图 5-37 左图中 A、B 处的中点并单击，接着竖直向下移动光标，并在合适位置单击，以指定线性参数的起点、端点和标签位置，结果如图 5-37 右图所示。

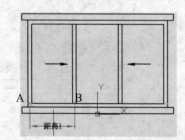 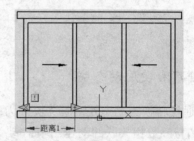

图 5-37　添加线性参数

　　只有当参数的每一个夹点▶都具有与之相关联的动作时，图 5-37 右图中的警告图标▣才会消失。为此，我们可将不需要设置动作的夹点隐藏，具体方法如下。

步骤 3　选择上步所添加的参数，然后在绘图区右击，从弹出的快捷菜单中选择"夹点显示"＞"1"，最后按【Esc】键取消所选对象，结果如图 5-38 所示。

步骤 4　打开"块编写选项板—所有选项板"中的"动作"选项卡，然后单击"拉伸"按钮 拉伸，根据命令行提示选择上步所添加的线性参数，接着将光标移至夹点▶处，待出现"节点"或"中点"提示时单击，以指定该拉伸动作的夹点位置。

步骤 5 依次单击图 5-39 所示的两个对角点①和②，此时将出现一个矩形线框；采用窗交方式选取图 5-39 所示区域内的图形对象并按【Enter】键，指定拉伸对象，此时系统将自动为该线性参数添加拉伸动作，且该参数的右下角处出现"拉伸"图标。

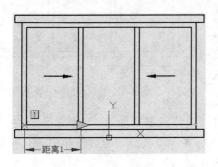

图 5-38　设置参数的夹点

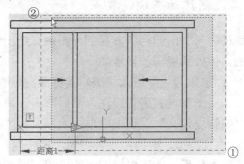

图 5-39　添加拉伸动作（一）

步骤 6 打开"块编写选项板—所有选项板"中的"参数"选项卡，然后单击"线性"按钮，采用同样的方法添加图 5-40 所示的线性参数，并将其夹点数量均设置为 1。

步骤 7 打开"块编写选项板—所有选项板"中的"动作"选项卡，然后单击"拉伸"按钮，采用同样的方法分别为图 5-40 所示的"距离 2"和"距离 3"参数添加拉伸动作，其夹点位置、拉伸的框架区域及对象分别为图 5-41 所示。

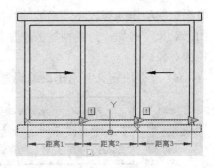

图 5-40　添加线性参数

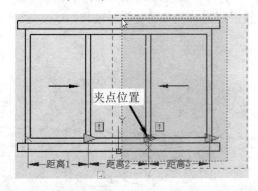

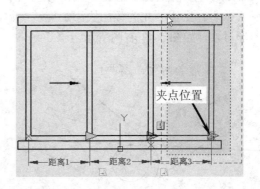

图 5-41　添加拉伸动作（二）

步骤 8 单击"块编辑器"选项卡的"关闭"面板中的"关闭块编辑器"按钮，然后在出现的"块—是否保存参数更改？"对话框中选择"保存更改（S）"选项，关闭块编辑界面，返回原图形文件窗口。

步骤9 选中绘图区中的"推拉式铝合金窗"图块，此时，该图块上添加了 3 个 ▶夹点，如
图 5-42 所示。单击其中的任一夹点▶并水平
向左或右移动光标，待出现极轴追踪线时可
通过输入数值来改变各扇窗的尺寸。

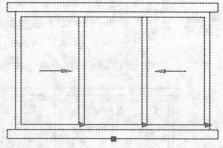

图 5-42　设置动态块效果图

二、创建动态块的要点

通过学习上面的例子，我们可归纳总结出创建动
态块的具体大致步骤，具体如下。

① 创建普通块并进入块编辑器界面。按照前面介
绍的方法将图形设置为普通块，然后双击该块，在打
开的"编辑块定义"对话框中单击 确定 按钮，进入块编辑器界面。

② 添加参数。根据需要为图形添加线性、旋转、对齐等参数，该参数仅在设置动作时使
用。添加参数后，还可以根据需要设置该参数的夹点个数。

③ 设置动作。对于设置好的参数，一般情况下还需要为该参数添加相关动作，从而使得
所添加的动作能够按照该参数的性能进行动作。此外，在添加动作时，还需要指定要动作的
图形对象。例如，为线性参数添加拉伸动作后，该图块中的图形对象只能沿线性参数的方向
拉伸对象。

④ 保存块定义并退出块编辑器。

> 为参数添加动作时，一定要注意所添加的参数与动作间的对应关系，否则命
> 令行中会提示所选择的参数无效。一般情况下，我们可为线性参数添加移动、缩
> 放和拉伸等动作，为旋转参数添加旋转动作，而不能为线性参数添加旋转动作。

创建动态块的关键是添加参数和动作。例如，要使图 5-43 左图所示的图形对象能够绕圆
心点 A 旋转，则需要先为该图块添加旋转参数，然后再为该参数设置旋转动作，以及要旋转
的图形对象，如图 5-43 右图所示。

效果：ch05\5-3-y2.dwg

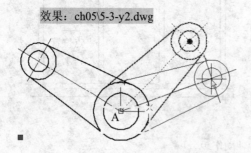
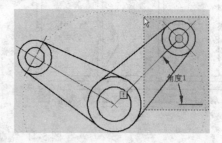

图 5-43　为图块添加旋转动作

三、使用系统内置的块

为了方便用户使用，AutoCAD 的"工具选项板"和"设计中心"中内置了门、窗、立柱

等一些常用的建筑块，用户可根据绘图需要方便地使用这些图块。

1．使用"工具选项板"中的图块

要使用"工具选项板"中的图块，可单击"视图"选项卡"选项板"面板中的"工具选项板"按钮，或按【Ctrl+3】组合键，在打开的"工具选项板"中选择与所需的图块对应的选项卡标签，然后再选择所需图块。

例如，要插入"门"图块，可在"工具选项板"中选择该图块所在的"建筑"选项卡标签，然后单击选中要插入的"门—公制"图块，如图5-44左图所示。此时，可根据命令行提示及绘图需要设置插入块时的比例和旋转角度，或直接在绘图区的任一位置单击，以插入该图块，结果如图5-44中图所示。

 "工具选项板"中提供的块大多数都是动态块。如果选择已插入的动态块，然后单击出现的夹点，可设置该动态块的相关参数。例如，单击"门—公制"图块，可利用夹点▽、▶和↓（或◀）设置门打开的角度、尺寸和方向等，如图5-44右图所示。

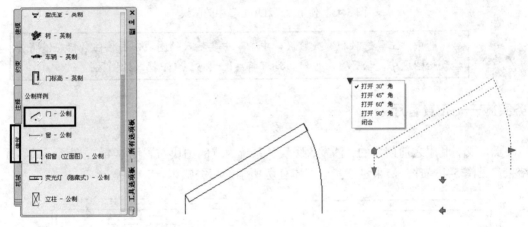

图5-44 将"工具选项板"中"门—公制"图块插入绘图区

2．使用"设计中心"中的图块

图5-45所示的"设计中心"选项板中包含了建筑、管道、机械、电子等多种行业中经常使用的一些图块。

要使用这些图块，可单击"视图"选项卡"选项板"面板中的"设计中心"按钮，或按快捷键【Ctrl+2】，在打开的选项板中选择所需要的图块并右击，然后在弹出的快捷菜单中选择"插入块"选项，接着在打开的"插入"对话框中分别设置 X、Y 或 Z 轴方向的比例，最后在绘图区单击指定插入位置即可。

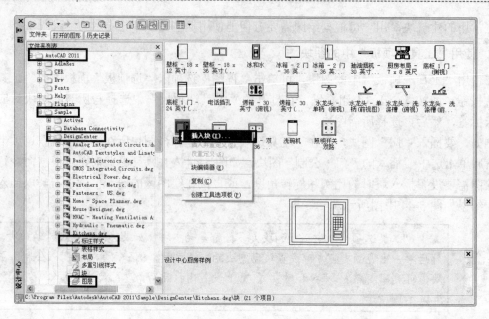

图 5-45 使用"设计中心"中的图块

 选中"工具选项板"或"设计中心"中要插入的图块,并按住鼠标左键将其拖到绘图区中,松开鼠标左键,均可将该图块按照 1:1 插入绘图区。

任务实施——布置客厅

下面,我们利用之前创建的"沙发"图块和系统内置的图块布置图 5-46 左图所示的客厅(结果参见图 5-46 右图),来进一步学习本任务所学的相关知识。

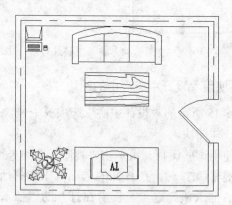

素材: ch05\5-3-r1.dwg
效果: ch05\5-3-r1-ok.dwg
视频: ch05\5-3-r1.exe

图 5-46 布置客厅

制作思路

要布置图 5-46 右图所示的客厅效果图，我们需要在左图的基础上插入"沙发"、"桌子"、"门"、"橡树"和"计算机端子"等图块。其中，"门"图块可使用"工具选项板"中的"门—公制"图块，其余图块可使用"设计中心"中图块。

制作步骤

步骤 1　打开本书配套光盘中的"素材" > "ch05" > "5-3-r1.dwg"文件，如图 5-46 左图所示。

步骤 2　按【Ctrl+3】快捷键，或单击"视图"选项卡"选项板"面板中的"工具选项板"按钮，打开"工具选项板"。选择该选项板中的"建筑"选项卡标签，单击选中要插入的"门—公制"图块，然后在绘图区任意位置单击，确定插入点位置。

步骤 3　利用"旋转"命令将上步所插入的"门—公制"图块旋转 90°，然后利用"移动"命令将该图块移动至所需位置，结果如图 5-47 左图所示。

步骤 4　选择插入的"门"图块，然后单击"设置门的尺寸"夹点▲，捕捉图 5-47 中图所示的端点并单击，修改门的尺寸；单击夹点▼，然后在出现的快捷菜单中选择"打开 45°角"选项，修改门的打开角度，如图 5-47 右图所示，最后按【Esc】键取消所选对象。

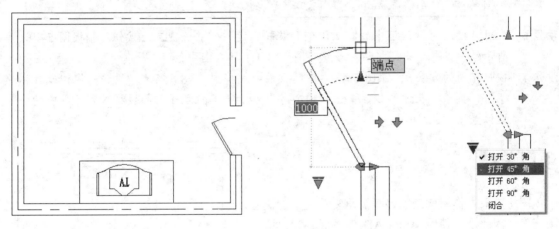

图 5-47　插入"门—公制"图块并调整其尺寸

步骤 5　按【Ctrl+2】快捷键，或单击"视图"选项卡"选项板"面板中的"设计中心"按钮，打开"设计中心"选项板。在该选项板中选择图 5-48 所示的"沙发"图块并右击，从弹出的快捷菜单中选择"插入块"选项。

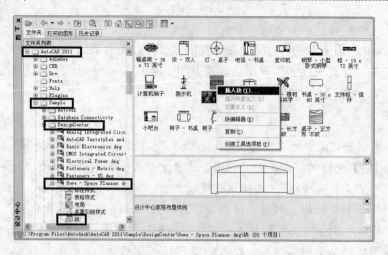

图 5-48　在"设计中心"选项板中选择"沙发"图块

　　AutoCAD 所提供的所有大部分图块都包含在"设计中心"选项板中的"Design Center"文件夹下的素材列表中，读者可依次展开这些素材列表并单击其中的"块"选项，然后看看 AutoCAD 都提供了哪些图块。

步骤 6　采用"插入"对话框中的默认比例和旋转角度，单击 [确定] 按钮后捕捉图 5-49 所示的中点并单击，将该"沙发"图块以 1:1 插入图中。

步骤 7　按照相同的方法，参照图 5-46 右图的效果依次将图 5-48 所示的"设施—橡树或喜林芋"、"桌子—长方形 木纹 60×30 英寸"和"计算机端子"图块插入到客厅内的合适位置。

项目总结

　　图块的最大作用就是能够减少重复劳动，加快绘图速度。因此，在使用 AutoCAD 绘图时，建议读者将常用的图形及符号制作成块，并将其分类保存。

　　在学习完本项目内容后，读者还应重点注意以下几点。

➢　在 AutoCAD 中，我们可直接调用"工具选项板"和"设计中心"中的图块。若该图块的部分结构不能满足绘图需要，我们还可以双击该块，在打开的"块编辑器"界面中对其进行修改。

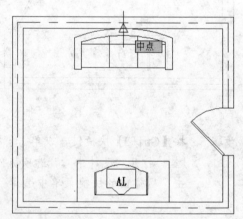

图 5-49　指定"沙发"图块的插入位置

➢　对于"工具选项板"和"设计中心"中没有的图块，我们还可以先绘制图形，然后将其创建为块。创建块时，必须指定块的名称、组成块的对象和插入块时的基点。

- 对于绘图区已经存在的块（除带属性的块外），我们还可以通过双击该块，然后在打开的界面中对其形状进行编辑修改。修改完成后，该文件中所有该块的引用都将被自动更新。
- 要创建带属性的块，首先必须添加属性，然后再将图形及添加的属性定义为块。在插入带属性的块时，系统会提示输入属性值。此时，若直接按【Enter】键，可不填写内容。若要修改属性块中的某个属性值，可双击该块，然后在打开的对话框中进行修改。
- 要创建动态块，首先要创建普通块，然后在打开的块编辑器界面中为该块设置动态参数和动作，最后保存块定义并退出块编辑器。

项目实训

一、将标题栏设置为带属性的图块

打开本书配套光盘中的“素材”>“ch05”>“5-sx-1.dwg”文件，然后在图 5-50 左图中的空白编辑框内设置属性文字（字高为 3.5），并将该标题栏设置为带属性的块，其基点为标题栏的右下角点，属性文字的标记内容如图 5-50 右图所示。

素材：ch05\5-sx-1.dwg　　效果：ch05\5-sx-1-ok.dwg

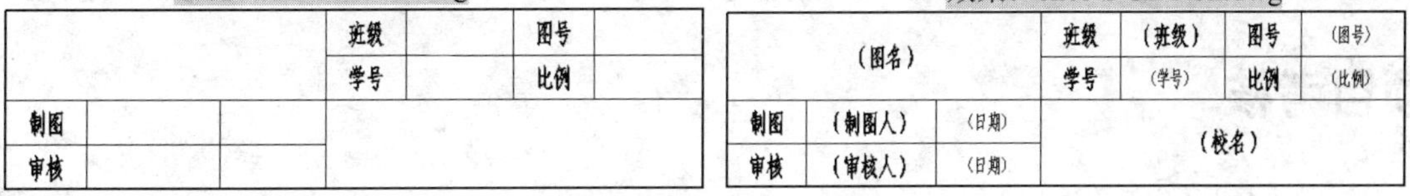

图 5-50　将标题栏设置为带属性的图块

提示：

标题栏中需要经常填写的内容主要有汉字和数字两种，因此，在添加属性文字时，应将“(图名)”、“(制图人)”、“(审核人)”、“(班级)”和“(校名)”的文字样式设置为“汉字”，将其余属性文字的文字样式设置为“汉字与字母”。

二、定制 A4 样板文件

利用本项目所学知识，创建图 5-51 所示的不留装订边的 A4 图框，接着插入项目实训一中所创建的标题栏，最后将该图框及标题栏制作成带属性的图块并单独保存，以便随时使用。

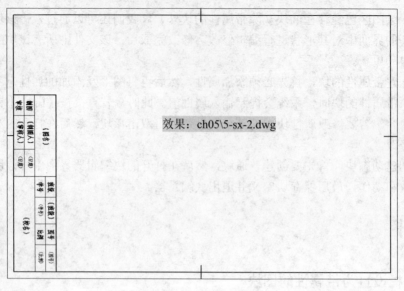

效果: ch05\5-sx-2.dwg

图 5-51　A4 样板文件

提示:

新建一个图形文件，然后绘制国家标准规定的不留装订边的 A4 图框，再将项目实训一所创建标题栏插入该图框中，并将图框及标题栏等设置为块。插入标题栏时，读者可根据命令行提示依次填入自己姓名、班级和校名等信息，对于不需要填写的信息可直接按【Enter】键。

项目考核

一、选择题（可多选）

1．创建块时，可以不指定块的（　　）。

　　A．名称　　　　　　　B．对象　　　　　　C．基点　　　　　　D．单位

2．在插入带属性的块时，若不需要填写某一属性值，可直接按（　　）键。

　　A．【Ctrl】　　　　　B．【Esc】　　　　　C．【Enter】　　　D．【Shift】

3．创建动态块时，可以不用执行的操作是（　　）。

　　A．为图形对象添加参数　　　　　　B．修改夹点的显示个数

　　C．为参数定义动作　　　　　　　　D．指定要动作的图形对象

4．要使用系统内置的图块，可以通过按（　　）快捷键，在工具选项板中选择所需图块。

　　A．【Ctrl+2】　　　B．【Ctrl+3】　　　C．【Ctrl+F2】　　D．【Ctrl+F3】

5．在"设计中心"选中要插入的图块，并按住鼠标左键将其拖到绘图区中，释放鼠标后，（　　）。

　　A．该图块可按 1:1 插入绘图区　　　　B．可在命令行中设置该图块的比例

　　C．可将该图块的基点插入到所需位置　　D．不能将图块插入绘图区

6. 下列说法错误的是（　　）。

A．创建块时，在弹出的"块定义"对话框中可以设置块的单位

B．利用"wblock"命令，可将块、对象选择集或整个图形写入图形文件中

C．要修改已经插入的带属性的块，可通过双击该块，然后在打开的界面中进行操作

D．创建块时，可以将创建该块的源对象转换为块

二、问答题

1. 创建带属性的块时，选择"块定义"对话框中的"保留"、"转换为块"和"删除"单选钮，效果有何不同？

2. 要编辑修改块图形的形状，有几种方法？各方法都有什么优缺点？

3. 简述动态块的特点及创建方法。

项目六　文字注释、表格与尺寸标注

项目导读

一幅完整的建筑平面图中除了包含必要的图形外，还应有尺寸标注，以及重要的文字说明和表格说明等。其中，从尺寸标注中可以了解物体各部分的大小和它们之间的相对位置关系；从文字和表格中可以了解如视图名称、门窗代号和编号，以及门窗明细表等信息。此外，对于承重构件（如基础、墙、柱、梁等），还需要标注定位轴线和编号。

学习目标

- 了解文字样式的作用，并掌握单行文字和多行文字的注写及编辑方法。
- 掌握表格样式的设置和表格的绘制方法，并能够根据绘图需要插入、删除表格单元，以及调整表格单元的行高、列宽和内容对齐方式等。
- 了解尺寸标注的组成，掌握尺寸标注样式的设置方法，并能够灵活、合理、快速的为图形标注尺寸。
- 了解多重引线的使用场合，并能够合理的为图形标注如定位轴线和编号等多重引线。

任务一　创建文字样式并为图形添加文本注释

任务说明

在为图形添加文字注释前，首先应创建合适的文字样式。文字样式主要用来控制文字的字体、高度，以及颠倒、反向、垂直、宽度比例和倾斜角度等外观。

预备知识

一、创建文字样式

默认情况下，AutoCAD 自动创建了一个名为"Standard"的文字样式，用户既可以对该文字样式进行修改，也可以创建自己需要的文字样式。例如，要创建一个用于注写汉字的文

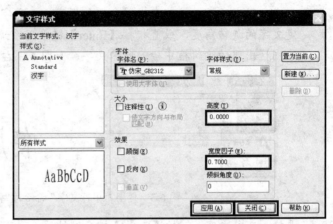

字样式，要求字体采用"仿宋_GB2312"，宽度因子为0.7，其具体操作步骤如下。

步骤 1 单击"注释"选项卡的"文字"面板右下角的 ▣ 按钮，或直接在命令行中输入"st"并按【Enter】键，打开"文字样式"对话框。

步骤 2 单击 新建(N)... 按钮，在打开的"新建文字样式"对话框中输入样式名"汉字"，如图6-1所示，然后单击 确定 按钮，关闭"新建文字样式"对话框。

步骤 3 在"文字样式"对话框的"字体名"下拉列表中选择"仿宋_GB2312"，在"宽度因子"编辑框中输入"0.7"，如图6-2所示。

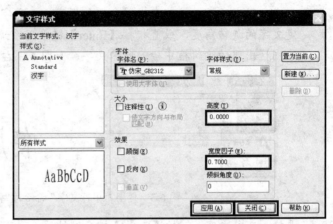

图 6-1　"新建文字样式"对话框　　　　图 6-2　"文字样式"对话框

建筑制图中，我们一般将用于注写汉字的字体设置为"仿宋_GB2312"，宽度因子为"0.7"；将用于注写数字或字母的字体设置为"gbeitc.shx"，宽度因子为"1"。当要注写的数字或字母中含有"×"和"="等符号时，还可以选中"文字样式"对话框中的□使用大字体(U)复选框，然后在"大字体"下拉列表中选择"gbcbig.shx"字体，以指定符号的字体样式。

当□使用大字体(U)复选框处于选中状态时，"字体名"列表框中仅显示".shx"字体。此时，若需要设置其他字体样式，需先取消□使用大字体(U)复选框再设置。

步骤 4 依次单击 应用(A) 和 关闭(C) 按钮，即可完成文字样式的设置。此时，系统自动将所创建的样式设置为当前样式。

使用"文字样式"对话框中的 置为当前(C) 和 删除(D) 按钮，可将所选样式设置为当前样式或将其删除。但使用 删除(D) 按钮不可以删除当前样式和已经使用的文字样式。若要删除当前文字样式，可先将其他任一样式设置为当前样式，然后再选择要删除的样式并单击 删除(D) 按钮将其删除。

二、使用单行文字

设置完文字样式，下面就可以为图形注释文字了。AutoCAD 2011 为我们提供了"单行文字"和"多行文字"两种文字注释命令。其中，"单行文字"命令主要用于注写内容简短的文字，而"多行文字"命令主要用于注写内容复杂且较长的文字。

要使用"单行文字"命令注写所需内容，可执行以下操作。

步骤 1 在"注释"选项卡的"文字"面板中单击"多行文字"按钮下的三角符号，然后在弹出的下拉列表中选择"单行文字"命令，如图 6-3 左图所示。

步骤 2 此时，在命令行"指定文字的起点或[对正（J）/样式（S）]"的提示下，可直接在绘图区单击以指定文字的起点，然后输入文字的高度值，或通过单击两点指定文字的高度；也可通过输入"j"或"s"并按【Enter】键，来设置文字的对齐方式及文字样式。

步骤 3 指定文字高度后，接下来根据命令行提示输入文字的旋转角度，或通过单击两点指定文字的旋转角度，或直接按【Enter】键采用系统默认的旋转角度 0。此时，可在绘图区出现的编辑框中输入所需文字，如图 6-3 右图所示。

图 6-3　使用"单行文字"命令注写文字

步骤 4 要输入下行文字，可按【Enter】键后继续输入。否则，按两次【Enter】键结束命令。

　　若图 6-2 所示的"文字样式"对话框的"高度"编辑框中的数值不为 0，则在使用"单行文字"命令注写文字时，命令行中将不再提示输入文字高度。

三、使用多行文字

多行文字主要用于注写内容复杂且较长的文字信息，如设计说明、技术经济指标等。相对于单行文字而言，多行文字的可编辑性较强，是本节学习的重点。要使用"多行文字"命令注写文字内容，可按如下步骤进行操作。

步骤 1 在"注释"选项卡的"文字"面板中单击"多行文字"按钮 **A**，或在命令行中输入"mt"并按【Enter】键，执行"mtext"命令，然后在绘图区任意位置处单击，指定文本框的第一个角点。

步骤 2 此时，在命令行"指定对角点或[高度（H）/对正（J）/行距（L）/旋转（R）/样式（S）/宽度（W）/栏（C）]:"的提示下，可以直接在绘图区单击一点，以指定文本框的对角点，也可以通过输入"h"、"j"等设置要注写文字的字高和内容的对正方式等格式。

步骤 3 在指定文本框的对角点后，绘图区将出现一个带标尺的文本框，并在绘图区上方显示"文字编辑器"选项卡，如图 6-4 所示。

步骤 4 在文本框中输入所需文字，当输入的文字到达文本框边缘时系统将自动换行。如果希望在某处开始一个新的段落，可按【Enter】键。此外，如果希望调整文本框的宽度和高度，可分别拖动标尺右侧的◇标记和文本框下方的标记。

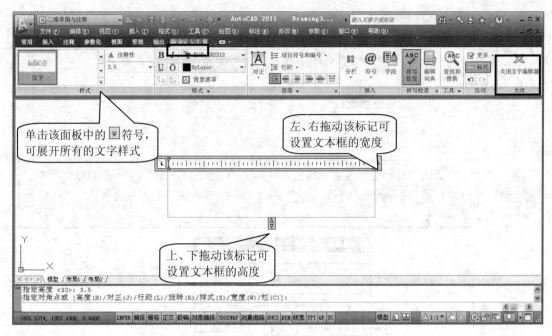

图 6-4 多行文字编辑界面

步骤 5 输入完文字后，可单击"文字编辑器"选项卡右侧的"关闭文字编辑器"按钮✕，或在绘图区其他位置单击，均可退出多行文字的编辑状态。

在注写多行文字时，我们还可以利用"文字编辑器"选项卡下各面板中的按钮设置文字格式。设置时，需要注意以下几点：

➤ **设置样式**：单击"样式"面板中的▼按钮，可在弹出的列表中重新选择文字样式，此时文本框中的所有文字都将应用所选样式的格式。

➤ **设置文字格式**：对于多行文本而言，其各部分文字可以采用不同的字体、颜色、粗体**B**、斜体*I*、下划线**U**、上划线**Ō**、倾斜角度**0/**和宽度因子**○**等（与文字样式无关）文字格式。此外，还可以设置文字的段落行距、对齐方式，以及项目符号和编号等。如果希望调整部分已输入文字的特性，应先选中要修改的文字，然后利用"文字编辑器"选项卡下相应面板中的按钮进行设置，如图 6-5 所示。

图 6-5 修改多行文字的段落格式

➤ **输入分数**: 如果需要输入分数，可先输入分别作为分子和分母的文字，其间使用 "/" （创建水平分数）或 "#" （创建对角分数）分隔，然后选中这部分文字，并在绘图区右击，从弹出的快捷菜单中选择 "堆叠" 菜单，如图 6-6 所示。

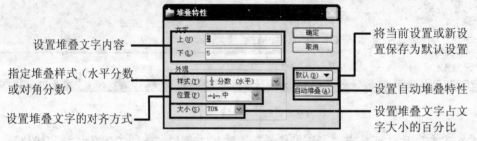

图 6-6 使用 "多行文字" 命令输入分数

 若选择已堆叠的文字并右击，从弹出的快捷菜单中选择 "堆叠特性" 菜单，还可打开 "堆叠特性" 对话框，利用该对话框可编辑堆叠文字的内容或特性，如图 6-7 所示。

图 6-7 "堆叠特性" 对话框

➤ **输入特殊符号**: 对于一般符号，可直接单击 "文字编辑器" 选项卡 "插入" 面板中的 "符号" 按钮 @，在弹出的下拉列表中选择相应符号即可，如图 6-8 所示。如果其中没有所需符号（例如，输入 "♣"），可选择该下拉列表中的 "其他" 选项，然后在打开的图 6-9 所示的 "字符映像表" 对话框中选择所需符号，并依次单击 选择(S) 和 复制(C) 按钮，最后在绘图区按【Ctrl+V】快捷键即可。

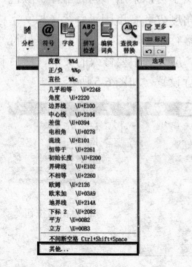

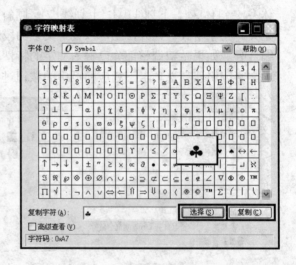

图 6-8 "符号" 下拉列表　　　　　图 6-9 "字符映像表" 对话框

四、编辑文本注释

无论是单行文字还是多行文字，若要对其进行修改，均可采用以下几种方法进行操作。

1. 双击

双击要修改的单行文字，可以修改其内容；双击多行文字，系统将进入多行文字编辑界面，此界面与输入多行文字时的界面完全相同，用户可根据需要对多行文字的内容、样式，及对正方式等进行修改。

2. 使用"ed"命令

在命令行中输入"ed"并按【Enter】键，然后单击要修改的单行文字或多行文字进行修改，其修改方法与使用双击方式修改相同。

> 通过双击或使用"ed"命令编辑单行文字时，文本框中的所有文字将被选中，如图6-10上图所示。此时，如果直接输入文字，则原文本内容均被替换。如果希望修改部分文本内容，可首先在文本框中单击，取消已选中的文字，然后再进行修改，如图6-10下图所示。

3. 使用"特性"选项板

要修改单行文字的样式、高度和旋转角度，以及多行文字的行距比例和行间距等特性，可先选中要修改的文字并在绘图区右击，然后从弹出的快捷菜单中选择"特性"选项，在打开的"特性"选项板中进行修改，如图6-11所示。

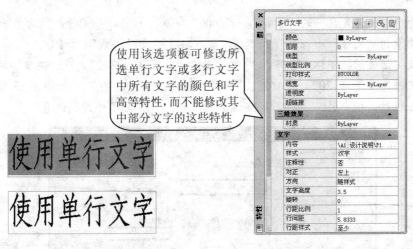

图 6-10 编辑单行文字内容   图 6-11 修改文字特性

任务实施——为图形添加说明文字

下面，我们将通过为图 6-12 左图添加右图所示的文字（要求：汉字的字体为"仿宋_GB2312",宽度因子为"0.7",数字及字母的字体为"gbeitc.shx",宽度因子为"1",所有文字高度为120),来学习在 AutoCAD 中添加文字的具体操作方法。

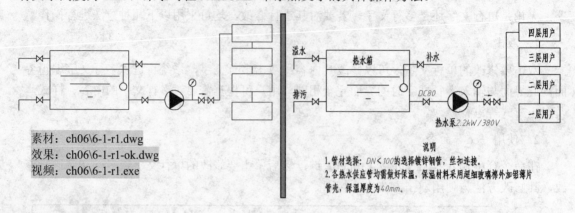

素材:ch06\6-1-r1.dwg
效果:ch06\6-1-r1-ok.dwg
视频:ch06\6-1-r1.exe

图 6-12 为图形添加文字注释

制作思路

由图 6-12 右图可知,图形上的"溢水"、"排污"、"热水箱"等简短文字可使用"单行文字"命令来注写,而下方的"说明"中的内容较多,因此可使用"多行文字"命令来注写。此外,由于多行文字的编辑功能较强,因此对于一行中含有多种不同字体的文字,我们可先使用"多行文字"命令注写这部分内容,然后再选中要修改字体的文字,并在"格式"面板中进行设置。

制作步骤

步骤 1 打开本书配套光盘中的"素材" > "ch06" > "6-1-r1.dwg"文件,然后单击"注释"选项卡的"文字"面板右下角的▣按钮,打开"文字样式"对话框。

步骤 2 在该对话框的"字体名"下拉列表中选择"仿宋_GB2312",在"高度"编辑框中输入文字高度值"120",在"宽度因子"编辑框中输入"0.7",如图 6-13 所示。依次单击该对话框中的 应用(A) 和 关闭(C) 按钮,完成文字样式的设置。

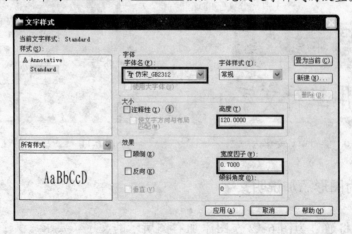

图 6-13 "文字样式"对话框

步骤3 在"注释"选项卡的"文字"面板中单击"多行文字"按钮下的三角符号，然后在弹出的下拉列表中选择"单行文字"命令，在要注写文字的位置处单击，以指定单行文字的起点，如在图 6-14 左图所示的①处单击。

步骤4 在命令行"指定文字的旋转角度<0>："提示下按【Enter】键，采用默认的旋转角度0，然后在出现的文本框中输入"溢水"，接着在图 6-14 左图所示的②～⑧处依次单击并输入相应文字，最后按两次【Enter】键结束命令，结果如图 6-14 右图所示。

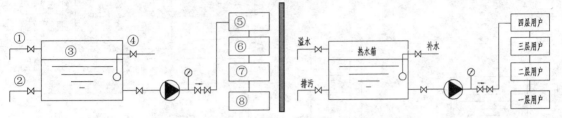

图 6-14 指定单行文字的位置并注释文字

 在注写完单行文字后，我们还可以利用"移动"命令或单行文字的夹点■来调整单行文字的位置。

步骤5 在"注释"选项卡的"文字"面板中单击"单行文字"按钮下的三角符号，在弹出的下拉列表中选择"多行文字"命令，然后在要注写文字的位置处依次单击两点，以指定文本框的两个对角点位置，此时可在出现的文本框中输入所需文字，如"热水泵 2.2kW/380V"如图 6-15 所示。

步骤6 选中文本框中的"2.2kW/380V"文字，在"格式"面板的"字体"列表框中单击，然后在弹出的下拉列表中选择"gbeitc.shx"；单击在"格式"面板标签中的▼符号，在展开的面板中"宽度因子"编辑框中输入"1"并按【Enter】键，如图 6-16 所示；在绘图区任意位置单击，退出文字的编辑状态，结果如图 6-17 所示。

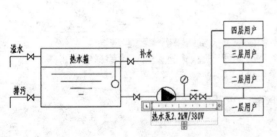

图 6-15 输入文字内容　　　　　图 6-16 修改所选内容的字体和字宽

步骤7 按【Enter】键重复执行"多行文字"命令，采用同样的方法注写"DN80"文字，并将其字体设置为"gbeitc.shx"，宽度因子设置为"1"。

步骤8 参照图 6-12 右图所示内容，利用"多行文字"命令注写图下方的说明性文字，每输完一行文字内容后按【Enter】键换行，输完所有文字后拖动标尺右侧的◇标记，调整文本框的宽度，结果如图 6-18 所示。

步骤 9 分别选中上步所输入内容中的 "DN"、"100" 和 "40mm"，并将其字体设置为 "gbeitc.shx"，宽度因子设置为 "1"；将光标移至第一行文字的段末，然后在 "段落" 面板中单击 "居中" 按钮 ≣，最后在文本框外的任意位置单击，退出文本编辑状态，结果如图 6-12 右图所示。

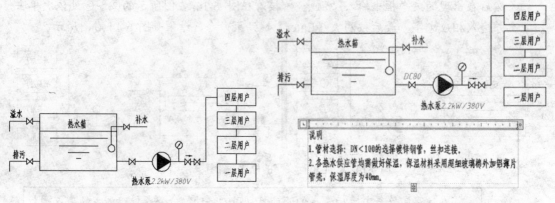

图 6-17 修改文字格式效果图　　　　　　　　　图 6-18 输入文字内容

　　如果要修改多行文字的段落行距，可先选中要调整行距的多行文字，然后单击 "段落" 面板右下角的 □ 按钮，在打开的 "段落" 对话框中选中 "段落行距" 复选框，并在 "行距" 下拉列表中选择 "多个"，在 "设置值" 编辑框中输入相应数值，如图 6-19 左图所示，最后单击 [确定] 按钮，如图 6-19 右图所示。

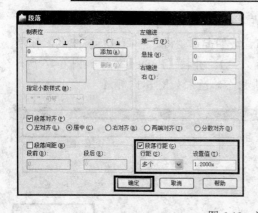

图 6-19 调整段落行距

任务二　创建和编辑表格

任务说明

在 AutoCAD 中，我们可以创建所需高度和宽度的表格，也可以对创建的表格进行编辑修改，如插入、删除或合并表格单元，调整表格内容的对齐方式和表格单元的行高、列宽和线型等。

预备知识

一、创建表格

在创建表格前，首先应设置好表格样式，然后再基于表格样式创建表格。下面，我们将通过创建图 6-20 所示的表格，来讲解表格样式的设置方法、绘制表格、输入表格内容以及在表格中使用公式等内容。

1. 创建和修改表格样式

表格样式主要用于控制表格单元的填充颜色、内容对齐方式，以及表格文字的文字样式、高度、颜色和表格边框的线型、线宽、颜色等。要创建所需表格样式，可按如下步骤操作。

步骤 1 单击"注释"选项卡的"表格"面板右下角的 按钮，或展开"常用"选项卡中的"注释"面板，然后单击"表格样式"按钮，在打开的"表格样式"对话框中单击 新建(N)... 按钮，打开"创建新的表格样式"对话框，如图 6-21 所示。

效果：ch06\6-2-r1.dwg

序号	合页	把手	门锁	灯
1	32	33	44	34
2	37	65	26	45
3	43	39	37	28
小计	112	137	107	107

图 6-20　表格示例

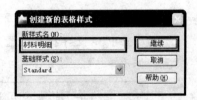

图 6-21　输入新表格样式的名称

步骤 2 在"新样式名"编辑框中输入新表格样式的名称，如"材料明细"，采用系统默认的基础样式并单击 继续 按钮，打开"新建表格样式：材料明细"对话框，并在"表格方向"下拉列表中选择"向下"选项，如图 6-22 所示。

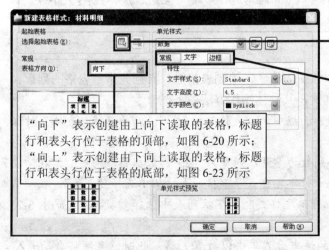

单击此按钮，可通过在绘图区指定一个已有表格来设置表格样式

这三个选项卡分别用于设置"单元样式"下拉列表中所选表格单元的填充颜色、文字样式和边框外观等

"向下"表示创建由上向下读取的表格，标题行和表头行位于表格的顶部，如图 6-20 所示；"向上"表示创建由下向上读取的表格，标题行和表头行位于表格的底部，如图 6-23 所示

小计	112	137	107	107
3	43	39	37	28
2	37	65	26	45
1	32	33	44	34
序号	合页	把手	门锁	灯

图 6-22　设置新建的表格样式　　　　　图 6-23　方向为"向上"的表格效果

步骤 3 在"单元样式"下方的下拉列表中选择"数据",然后单击"常规"选项卡,接着在"对齐"下拉列表中选择"正中",如图 6-24 左图所示。

步骤 4 单击"文字"选择卡,然后单击"文字样式"列表框后的 □ 按钮,在打开的"文字样式"对话框中将"Standard"样式的字体设置为"仿宋_GB2312",宽度因子设置为"0.7",依次单击 应用(A) 和 关闭(C) 按钮返回"新建表格样式:材料明细"对话框,接着在"文字高度"编辑框中输入"5",如图 6-24 右图所示。

图 6-24 设置"数据"单元样式

步骤 5 在"单元样式"下方的列表框中选择"表头",然后采用同样的方法将其对齐方式设置为"正中",文字样式设置为"Standard",文字高度设置为"5",其余采用默认设置,依次单击 确定 按钮和 关闭 按钮,完成表格样式"材料明细"的创建。

> 表格单元的类型有 3 种,分别为标题(表格标题)、表头(列标题)和数据。由于本例中不包含标题,因此我们只设置"数据"和"表头"这两种表格单元样式。
>
> 若要修改某表格样式,可单击"注释"选项卡的"表格"面板右下角的 ⊡ 按钮,然后在打开的"表格样式"对话框的"样式"列表中选中要修改的样式并单击 修改(M)... 按钮,接着在打开的对话框中进行修改,其修改方法与创建表格样式类似,此处不再赘述。

2. 绘制表格并输入内容

在创建完所需表格样式后,就可以绘制表格了。绘制表格时,必须先指定表格的列数、列宽、行数、行高,以及表格单元的样式,其具体操作方法如下。

步骤 1 单击"注释"选项卡的"表格"面板中的"表格"按钮 ⊞,打开"插入表格"对话框。

步骤 2 在"列和行设置"区设置表格列数为"5",列宽为"25",数据行数为"3";在"设置单元样式"设置区打开"第一行单元样式"下拉列表,从中选择"表头",在"第二行单元样式"和"所有其他行单元样式"的下拉列表中选择"数据",如图 6-25 所示。

步骤 3 单击 确定 按钮,在绘图区的适当位置单击以放置表格。此时,系统将自动进入表格文字编辑状态,如图 6-26 所示。

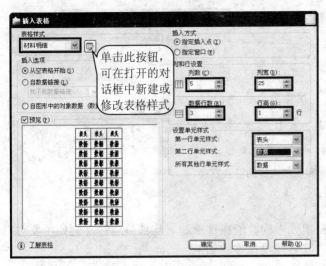

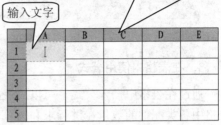

图 6-25 "插入表格"对话框

图 6-26 放置表格

AutoCAD 中表格单元的编号为"列号+行号",其中,列号用 A、B、C 等大写字母表示,行号用 1、2、3 等数字表示。例如,B2 表示列号为 B,行号为 2 的表格单元。

步骤 4 在当前表格单元中输入所需内容后,可通过按【Tab】键或【←】、【↑】、【↓】、【→】方向键移动光标,然后在其他表格单元中输入相应的文字,如图 6-27 所示。

	A	B	C	D	E
1	序号	合页	把手	门锁	灯
2	1	32	33	44	34
3	2	37	65	26	45
4	3	43	39	37	28
5	小计				

图 6-27 输入表格内容

步骤 5 表格内容输入完成后,可按两次【Esc】键或在表格外的任意空白处单击,退出表格编辑状态。

若要重新进入表格编辑状态或修改表格单元的内容,可双击要修改的表格单元,然后在出现的文本框中进行操作。

步骤 6 若要使表格中的所有数字位于其所在表格单元的正中间,可先在 A2 单元格中单击,然后按住【Shift】键后在 E4 单元格中单击,如图 6-28 左图所示,接着在"表格单元"选项卡的"单元样式"面板中单击"对齐"按钮,在弹出的列表中选择"正中"选项,如图 6-28 右图所示。最后在表格外的任意空白处单击,退出表格编辑状态。

	A	B	C	D	E
1	序号	合页	把手	门锁	灯
2	1	32	33	44	35
3	2	37	65	26	45
4	3	43	39	37	28
5	小计				

图 6-28　调整表格内容的对齐方式

3．在表格中使用公式

通过在表格中插入公式，可以对表格单元中的数值执行求和、均值等运算。例如，要对表格中各类配件的数量在进行求和运算，其具体操作步骤如下。

步骤 1　在要放置求和数据的表格单元中单击，如图 6-29 左图所示，此时系统将自动显示"表格单元"选项卡。单击该选项卡的"插入"面板中的"公式"按钮，并在弹出的列表中选择"求和"选项，如图 6-29 右图所示。

	A	B	C	D	E
1	序号	合页	把手	门锁	灯
2	1	32	33	44	35
3	2	37	65	26	45
4	3	43	39	37	28
5	小计				

图 6-29　选取表格单元并执行"求和"命令

　　在插入公式前，只需在要插入公式的表格单元中单击鼠标左键将其选中，切记不要双击，否则将无法显示"表格单元"选项卡中的各公式选项。

步骤 2　根据命令行提示选取要进行求和运算的表格单元，这里我们可依次单击图 6-30 左图所示的 B4 和 B2 表格单元，从而选取这两个表格单元之间的所有表格单元，此时表格如图 6-30 右图所示。按【Enter】键或在绘图区任意空白处单击，即可完成求和运算。

	A	B	C	D	E
1	序号	合页	把手	门锁	灯
2	1	②32	33	44	35
3	2	37	65	26	45
4	3	43①	39	37	28
5	小计				

	A	B	C	D	E
1	序号	合页	把手	门锁	灯
2	1	32	33	44	35
3	2	37	65	26	45
4	3	43	39	37	28
5	小计	=Sum(B2:B4)[			

图 6-30　进行求和运算

步骤 3　采用同样的方法分别对"把手"、"门锁"和"灯"列进行求和运算，最终结果如图 6-20 所示。

利用公式对表格单元中的数据进行求和、均值等运算后，若修改参与运算的任一数据，则运算结果也会随之自动修改。

二、编辑表格

1. 选择表格和表格单元

要对表格的外观及内容进行编辑，首先应掌握如何选择表格和表格单元，具体方法如下。

➤ 要选择整个表格，可直接单击任一表格线，或利用窗交方式选取整个表格。表格被选中后，表格线将显示为虚线，并显示了一组夹点，如图6-31所示。

	A	B	C	D	E
1	序号	合页	把手	门锁	灯
2	1	32	33	44	35
3	2	37	65	26	45
4	3	43	39	37	28
5	小计	112	137	107	108

图 6-31 选择整个表格

➤ 要选择某个表格单元，可直接在该表格单元中单击；要选择表格单元区域，可首先在选择区域的某一角点处的表格单元中单击并按住鼠标左键不放，然后向选择区域的另一角点处拖动，释放鼠标后，选择区域内的所有表格单元和与选择框相交的表格单元均被选中，如图6-32所示。

单击①处的表格单元后将光标拖至②处

序号	合页	把手	门锁	灯
1	32②	33	44	34
2	37	65	26	45
3	43	39	37①	28
小计	112	137	107	107

	A	B	C	D	E
1	序号	合页	把手	门锁	灯
2	1	32	33	44	34
3	2	37	65	26	45
4	3	43	39	37	28
5	小计	112	137	107	107

图 6-32 选择表格单元区域

单击选择区域的某一角点处的表格单元，然后按住【Shift】键，在选择区域的另一角点处的表格单元中单击，也可选中此区域内的所有表格单元。

➤ 要取消表格单元选择状态，可按【Esc】键，或者直接在表格外的任意位置处单击。

2. 表格单元的插入、删除及合并

➤ **插入行或列**：要在某个表格单元的四周插入行或列，可先选中该表格单元，然后在"表格单元"选项卡的"行"或"列"面板中选择所需命令，或在绘图区右击，从弹出的快捷菜单中选择所需命令，如图6-33所示。

> **删除行或列**：要删除表格中的某行或列，可先选中要删除的行或列中的任一表格单元，然后在"表格单元"选项卡的"行"或"列"面板中单击"删除行"或"删除列"按钮，或在绘图区右击，从弹出的快捷菜单中选择所需命令，如图 6-33 所示。

图 6-33　插入和删除行或列

> **合并表格单元**：要合并表格单元，首先应选中要合并的对象，然后在图 6-33 左图所示的"合并"面板中单击"合并单元"按钮，在弹出的下拉列表中根据需要选择"合并全部"、"按行合并"或"按列合并"选项，如图 6-34 所示。

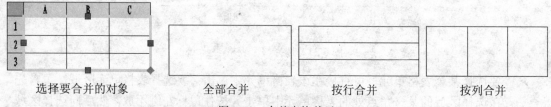

选择要合并的对象　　　　全部合并　　　　　　按行合并　　　　　　按列合并

图 6-34　合并表格单元

3．调整表格单元的行高、列宽及内容的对齐方式

要调整表格的行高和列宽，既可以利用表格上的夹点进行操作，也可以在"特性"选项板中进行设置。此外，利用"特性"选项板还可以调整表格单元中数据的文字样式、高度和对齐方式等。

（1）使用夹点

选中整个表格、表格单元或表格单元区域后，通过拖动不同夹点可调整表格的位置、行高与列宽。例如，选中图 6-35 所示的整个表格后，其各夹点的功能如下。

单击中间的这些夹点并左右拖动可调整夹点两侧列的宽度；若按住
【Ctrl】键左右拖动，则可沿拖动方向仅调整该夹点一侧列的宽度

单击此夹点并拖动可移动表格

单击此夹点并左右拖动可调整表格首列宽度

单击此夹点并上下拖动可统一调整表格各行宽度

	A	B	C	D	E
1	序号	合页	把手	门锁	灯
2	1	32	33	44	35
3	2	37	65	26	45
4	3	43	39	37	28
5	小计	112	137	107	108

单击此夹点并左右拖动可统一调整表格各列宽度

单击此夹点并左右拖动可调整表格末列宽度

单击此夹点并拖动可统一调整表格各列宽度（左右拖动）或各行高度（上下拖动）

单击此夹点并拖动可控制表格的高度

图 6-35　表格中各夹点的功能

> 选中某个表格单元或表格单元区域后，若拖动其上、下夹点可调整所选表格单元所在行的行高；若拖动其左、右夹点可统一调整所选表格单元所在列的列宽；若单击所选区域右下角的◆夹点并拖动，系统将按照所选表格单元的内容及拖动方向自动修改与之相邻的表格单元中的内容。

（2）使用"特性"选项板

除了使用夹点调整表格的行高与列宽外，还可以选中要调整的表格单元，然后在绘图区右击，从弹出的快捷菜单中选择"特性"选项，接着在打开的"特性"选项板的"单元"和"内容"设置区中修改所选单元的行高、列宽，以及所注文字的样式、高度和对齐方式等，如图 6-36 所示。

4. 调整表格单元边框的线宽、线型及颜色

要调整表格单元边框的线宽、线型及颜色，可按如下方法操作。

步骤 1 选中要修改的表格单元或表格单元区域，然后单击"表格单元"选项卡的"单元样式"面板中的 ⊞编辑边框 按钮，打开图 6-37 左图所示的"单元边框特性"对话框。

图 6-36 "特性"选项板

步骤 2 在此对话框的"线宽"、"线型"和"颜色"列表框中可分别设置所选表格单元的线宽、线型和颜色等，然后单击下方的边框类型按钮，即可将设置应用于所选表格单元或单元区域。这里我们可选中整个表格，然后在"线宽"下拉列表中选择"0.35mm"，接着单击"外边框"按钮⊡，最后单击 确定 按钮，结果如图 6-37 右图所示。

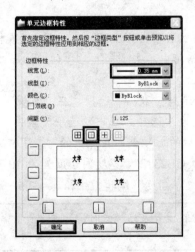

若所设置的线宽不显示，可打开状态栏中的 线宽 开关

序号	合页	把手	门锁	灯
1	32	33	44	35
2	37	65	26	45
3	43	39	37	28
小计	112	137	107	108

图 6-37 调整表格单元边框的线宽

任务实施——创建标题栏

下面，我们将通过创建图 6-38 所示的标题栏（要求：字体为"仿宋_GB2312"，字高为

3.5，宽度因子为 0.7），来学习创建及编辑表格的方法。

效果：ch06\6-2-r1.dwg
视频：ch06\6-2-r1.exe

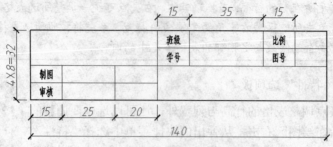

图 6-38　标题栏

制作思路

要绘制图 6-38 所示的标题栏，我们可先绘制图 6-39 左图所示的表格，然后再合并相关表格单元，从而得到图 6-39 右图所示的表格，最后再调整表格单元的行高、列宽和边框线宽并填写相应内容。

图 6-39　制作思路

制作步骤

步骤 1 启动 AutoCAD 2011，关闭状态栏中的 册格 开关，然后单击"注释"选项卡的"表格"面板右下角的 符号，在打开的"表格样式"对话框中单击 修改(M)... 按钮，打开"修改表格样式：Standard"对话框。

步骤 2 在该对话框的"单元样式"下方的列表框中单击选择"数据"选项，在"常规"选项卡的"对齐"列表框中单击，在弹出的下拉列表中选择"正中"选项；单击"文字"选择卡，然后单击"文字样式"下拉列表框后的 按钮，在弹出的"文字样式"对话框中将"Standard"样式的字体设置为"仿宋_GB2312"，宽度因子设置为"0.7"，并依次单击 应用(A) 和 关闭(C) 按钮，然后在"文字高度"编辑框中输入"3.5"。

　　　　由于该标题栏中不包含标题和表头，因此在设置表格样式时，只需设置所需要的"数据"单元样式的格式即可。

步骤 3 单击 确定 按钮返回"表格样式"对话框，然后单击 关闭 按钮，完成表格样式的设置。

步骤 4 单击"注释"选项卡的"表格"面板中的"表格"按钮 ，打开"插入表格"对话框。采用系统默认的"Standard"表格样式，其他设置如图 6-40 所示。

步骤 5 单击"插入表格"对话框中的 确定 按钮，然后在绘图区单击以放置表格，此时

系统将自动进入表格文字编辑状态。按两次【Esc】键退出表格文字编辑状态，然后
滚动鼠标滚轮缩放图形，结果如图 6-41 上图所示。

步骤6 按住鼠标左键依次拖出图 6-41 下图所示的区域，然后在"合并"面板中单击"合并
单元"按钮，从弹出的下拉列表中选择"合并全部"选项，接着按【Esc】键取消所
选对象，如图 6-42 左图和中图所示。

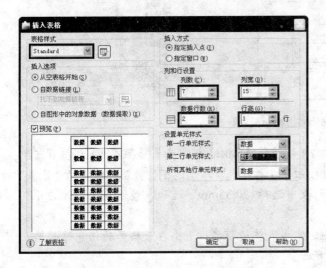

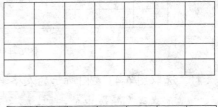

图 6-40　"插入表格"对话框　　　　　　　图 6-41　绘制并选择表格单元

步骤7 采用同样的方法合并其他表格单元，结果如图 6-42 右图所示。

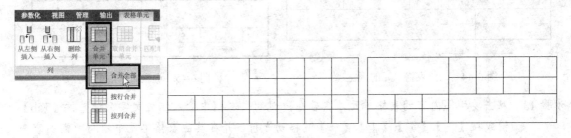

图 6-42　合并表格单元

步骤8 选取图 6-43 左上图所示的表格单元 1，按住【Shift】键后单击表格单元 2，然后在绘
图区右击，从弹出的下拉列表中选择"特性"选项，接着在打开的"特性"选项板的
"单元高度"编辑框中输入值"8"后按【Enter】键，如图 6-43 右图所示，最后在
表格外的任意位置单击取消所选对象。

步骤9 选取表格单元 3 后按住【Shift】键单击表格单元 4，采用同样的方法调整表格单元
的高度，其高度值为 8，结果如图 6-43 左下图所示。

步骤10 采用同样的方法，参照图 6-44 所示的尺寸调整表格单元的列宽。

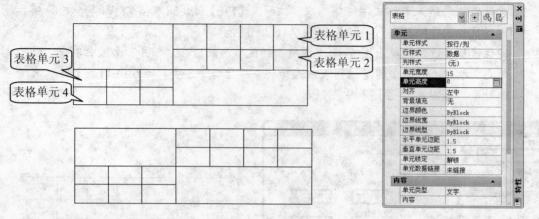

图 6-43　调整表格单元的行高

步骤 11 选取图 6-43 左图所示的表格单元 4 后按住【Shift】键单击表格单元 1，然后在"单元样式"面板中单击 ⊞ 编辑边框 按钮，在打开的"单元边框特性"对话框的"线宽"列表框中单击，在弹出的下拉列表中选择"0.35mm"选项，接着单击"外边框"按钮 回。

步骤 12 单击该对话框中的 确定 按钮，完成表格边框的设置。在表格外的任意位置单击取消所选对象，结果如图 6-45 所示。

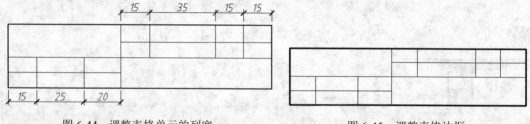

图 6-44　调整表格单元的列宽　　　　　　　　　图 6-45　调整表格边框

步骤 13 双击要填写内容的表格单元，然后在出现的文本框中输入相应文字，接着按【Tab】键或按【←】、【↑】、【↓】、【→】键移动光标，并在其他表格单元中填写所需内容，结果如图 6-46 所示。

任务三　尺寸标注（上）

任务说明

图 6-46　输入标题栏内容

在 AutoCAD 中进行尺寸标注时，标注的外观是由当前标注样式控制的。因此，在标注尺寸前，一般都要先创建所需要的尺寸标注样式，然后再标注尺寸。为了使所标注的尺寸符合国家制图标准的相关规定，在学习尺寸标注之前有必要先了解一下尺寸标注组成及标注样式的设置等相关知识。

预备知识

一、尺寸标注的组成

在建筑制图中，一个完整的尺寸标注由尺寸界线、尺寸线、尺寸数字和尺寸起止符号 4
部分组成，如图 6-47 所示。

尺寸标注各组成元素的主要作用如下。

> **尺寸界线：**应从图形的轮廓线和轴
> 线处引出。必要时，轮廓线和轴线
> 也可作为尺寸界线。

> **尺寸线：**用于表示尺寸标注的方向
> 和范围。通常情况下，AutoCAD 将
> 尺寸线放置在测量区域内，如果空
> 间不足，则将尺寸线和尺寸文本延
> 伸到测量区域的外部，这主要取决
> 于标注样式的设置。对于角度标
> 注，尺寸线是一段圆弧。

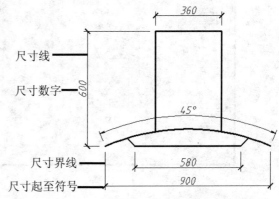

图 6-47　尺寸标注的组成

> **尺寸数字：**位于尺寸线上方或中断处，用于表达物体的实际大小。尺寸文本应按标
> 准字体书写，且同一张图纸上的文字高度应一致。

> **尺寸起止符号：**尺寸起至符号显示在尺寸线的两端，用于表示尺寸线的起止位置。
> 在建筑制图中，通常情况下线性尺寸的起止符号为"建筑标记"，而表示角度、半
> 径和直径的尺寸起止符号为"实心闭合"。

二、创建尺寸标注样式

标注样式用于控制尺寸标注的外观，它主要定义了尺寸线、尺寸界线、尺寸起止符号的
外观，以及尺寸数字的字体、字高和精度等几方面内容。

下面，我们以调整图 6-48 左图所示的尺寸标注为例（结果参见图 6-48 右图），来讲解尺
寸标注样式的创建、修改，以及尺寸标注中各组成元素的设置方法。

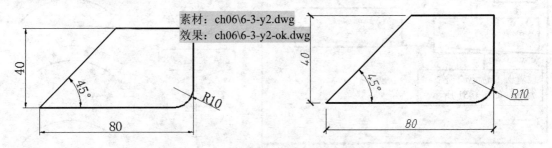

素材：ch06\6-3-y2.dwg
效果：ch06\6-3-y2-ok.dwg

图 6-48　通过修改标注样式调整尺寸标注

步骤 1　打开本书配套光盘中的"素材">"ch06">"6-3-y2.dwg"文件，如图 6-48 左图所

示。单击"注释"选项卡的"标注"面板右下角的 ⬚ 按钮，或在命令行中输入"d"
（"dimstyle"的缩写）并按【Enter】键，打开"标注样式管理器"对话框，如图 6-49
所示。

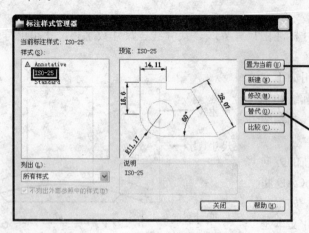

若在该对话框的"样式"列表中选中
某样式，然后单击 置为当前(U) 按钮，可
将所选样式设置为当前样式，此时标
注的尺寸将使用该样式

单击 替代(O)... 按钮，可为当前标注样式
创建临时替代样式。临时替代样式只影
响后面所标注的尺寸，而对已经使用当
前样式标注的尺寸不产生影响

图 6-49　"标注样式管理器"对话框

步骤 2　由于图 6-48 左图中的所有尺寸都采用"ISO-25"标注样式，因此我们可选中图 6-49
所示对话框中的"ISO-25"，然后单击 修改(M)... 按钮，打开图 6-50 所示的"修改标
注样式：ISO-25"对话框。

步骤 3　单击"符号和箭头"选项卡，然后在"箭头"设置区中的"第一个"下方的列表框
中单击，在打开的下拉列表中选择"建筑标记"，此时"第二个"下方的列表框中的
箭头样式也随之更改；采用默认的箭头大小"2.5"，如图 6-50 所示。

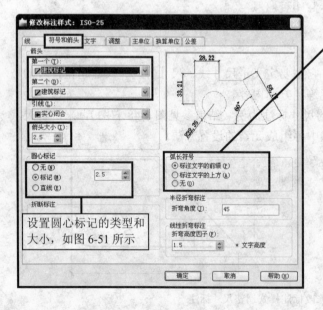

设置圆心标记的类型和
大小，如图 6-51 所示

控制是否为弧长尺寸添加弧长符号，以
及弧长符号的放置位置，如图 6-52 所示

圆心标记为 2.5

圆心标记为 8

图 6-50　"符号和箭头"选项卡　　图 6-51　圆心标记　　图 6-52　弧长符号

图 6-50 所示的对话框中各选项卡的功能如下：

> "线"选项卡：主要用于设置尺寸线与尺寸界线的外观。
> "符号和箭头"选项卡：用于设置尺寸标注的箭头样式、圆心标记和弧长符号等。
> "文字"选项卡：用于设置尺寸数字的文字样式、大小、位置和对齐方式等。
> "调整"选项卡：当尺寸界线间的空间不足时，利用该选项卡可设置尺寸线、尺寸数字和尺寸起止符号的相对位置和尺寸标注的全局比例等。
> "主单位"选项卡：用于设置尺寸数字的单位格式、精度、前缀、后缀等。通常情况下，我们将尺寸数字的单位格式设置为"小数"。
> "换算单位"选项卡：用于控制是否在标注中显示换算单位，并可设置换算单位的格式、精度、倍数、舍入精度，以及换算后得到尺寸的前缀和后缀等。
> "公差"选项卡：用于设置尺寸数字的公差类型、精度、上偏差和下偏差值及公差的放置位置等，在绘制机械零件图时使用较多。

步骤 4 单击"文字"选项卡，然后单击"文字样式"下拉列表框后的 按钮，在打开的"文字样式"对话框中新建"数字"文字样式，其设置如图 6-53 左图所示，依次 应用(A) 和 关闭(C) 按钮，完成文字样式的设置。

　　　　除了在设置标注样式时设置尺寸标注的文字样式外，还可在设置尺寸标注样式前先设置所需的文字样式。

步骤 5 在"修改标注样式：ISO-25"对话框的"文字样式"列表框中单击，在弹出的下拉列表中选择"数字"，然后在"文字高度"编辑框中输入"5"，单击选中"文字对齐"设置区中的"ISO 标准"单选钮，其他采用默认设置，如图 6-53 右图所示。

用来控制分数高度相对于标注文字的比例。只有在"主单位"选项卡中将"单位格式"设置为"分数"时，该选项才可使用

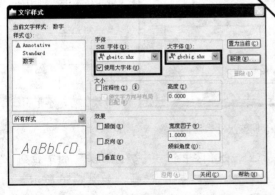

用于控制尺寸数字与尺寸线之间的距离

图 6-53　设置尺寸数字的字体、高度及对齐方式

"文字对齐"设置区用来控制尺寸文本是沿水平方向还是平行于尺寸线的方向放置,各选项的意义如图 6-54 所示。需要注意的是,"ISO 标准"表示将尺寸文字按照国际标准放置,即当标注文字能够放置在尺寸界线内部时,采用"与尺寸线对齐"方式放置,否则采用"水平"方式放置。

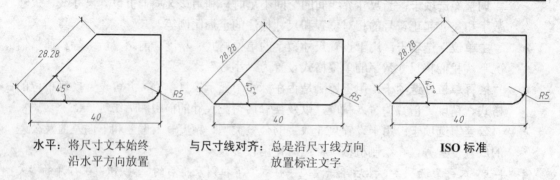

水平:将尺寸文本始终沿水平方向放置　　　与尺寸线对齐:总是沿尺寸线方向放置标注文字　　　ISO 标准

图 6-54　文字的 3 种对齐方式

步骤 6 单击"调整"选项卡,可利用其中的单选钮或复选框设置尺寸线、尺寸数字和尺寸起止符号的优先顺序、文字相对于尺寸线的位置,尺寸标注的缩放比例,以及是否要手动调整尺寸数字的位置等,如图 6-55 所示。本例中,我们采用默认设置。

默认情况下,尺寸数字位于两尺寸界线之间。当两尺寸界线间的距离太小时,可利用这 3 个单选钮设置尺寸数字的放置位置,如图 5-55 右图所示

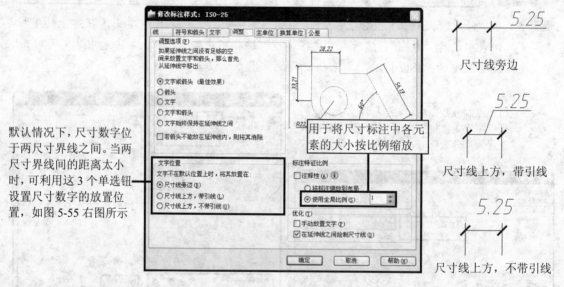

图 6-55　利用"调整"选项卡调整尺寸数字的位置

步骤 7 单击"主单位"选项卡,然后在"线性标注"设置区中的"小数分隔符"的下拉列表框中单击,接着在弹出的下拉列表中选择""."(句点)"选项,如图 6-56 所示。

步骤 8 单击"线"选项卡,可根据国标规定在"超出尺寸线"编辑框中输入"2",在"起点偏移量"编辑框中输入"3",如图 6-57 所示。最后依次单击 确定 和 关闭 按钮,完成标注样式的修改。此时绘图区中的尺寸标注如图 6-58 所示。

图 6-56 "主单位"选项卡　　　　　　图 6-57 "线"选项卡

步骤9 由于角度和半径尺寸的尺寸起止符号用箭头,因此可单击"注释"选项卡的"标注"面板右下角的 ⬛ 按钮,在打开的"标注样式管理器"对话框中新建"角度半径"标注样式,然后在打开的"新建标注样式:角度半径"对话框中选择"符号和箭头"选项卡,其设置如图 6-59 左图所示。

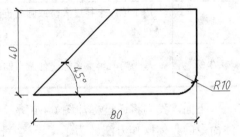

图 6-58 修改标注样式效果图

步骤10 其余采用默认设置,依次单击 确定 和 关闭 按钮,完成标注样式的创建。

步骤11 在绘图区选取图 6-59 中图所示的尺寸,然后在"注释"选项卡的"标注样式"列表框中单击,在弹出的下拉列表中选择"角度半径",如图 6-59 右图所示,最后按【Esc】键取消所选尺寸,结果如图 6-48 右图所示。

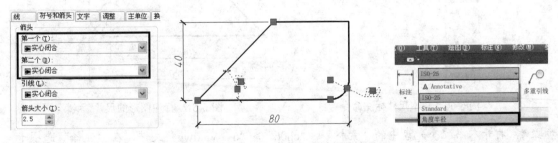

图 6-59 修改角度和半径尺寸的标注效果

三、基本尺寸标注命令

要为图形标注线性、对齐、角度、半径和直径等基本尺寸,可先在"常用"选项卡的"注释"面板中单击"线性"按钮 线性 后的三角符号,或在"注释"选项卡的"标注"面板中单击"标注"按钮下的三角符号，在弹出的下拉列表中选择所需命令（参见图 6-60），然后依次单击确定尺寸界线的起点、终点、尺寸数字的放置位置，或先单击要标注的对象，然后再单击确定尺寸数字的放置位置。这些基本尺寸标注命令的功能如表 6-1 所示。

表 6-1 基本尺寸标注命令的功能

命令	功能	标注方法
线性	用于标注两点之间的水平或垂直方向的距离	依次单击尺寸界线的起点、终点和尺寸文本的位置
对齐	用于标注两点间的直线距离，且所标注的尺寸中的尺寸线始终与标注点之间的连线平行	
角度	用于标注圆弧的角度、两条直线间的角度和三点间的夹角	单击角度的两个边界对象，然后指定尺寸文本的位置
弧长	用于标注圆弧的长度。弧长标注包含一个弧长符号，以便与其他标注区分开来	直接选择要标注的对象，然后指定尺寸文本的位置
半径/直径	可分别标注圆弧或圆的半径和直径尺寸	
折弯	用于标注半径过大，或圆心位于图纸或布局之外的圆弧尺寸	直接选择标注对象，然后依次指定圆心的替代位置和两个折弯位置
坐标	基于当前坐标系标注任意点的 X 与 Y 坐标	指定要标注的点，然后向 X 或 Y 方面移动光标并单击

下面，我们将通过标注图 6-61 所示的尺寸，来学习线性、对齐、角度、直径和半径等标注命令的具体操作方法。为了便于读者操作，我们已经设置好了尺寸标注样式，读者可打开源素材直接操作。

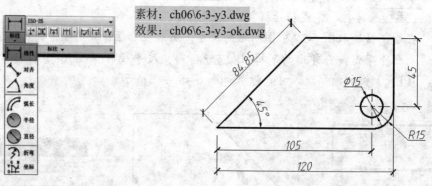

素材：ch06\6-3-y3.dwg
效果：ch06\6-3-y3-ok.dwg

图 6-60 基本尺寸标注命令　　　　图 6-61 标注图形的尺寸

步骤 1 打开本书配套光盘中的"素材" > "ch06" > "6-3-y3.dwg"文件，在"注释"选项卡的"标注"面板中单击"标注"按钮下的三角符号，在弹出的下拉列表中选择"线性"命令，如图 6-60 所示。

步骤 2 捕捉并单击图 6-62 左图所示的端点 A，然后移动光标，捕捉并单击竖直中心线的端点 B，以指定尺寸界线的起点和终点，接着向下移动光标，并在合适位置单击以指定标注方向和位置，以标注图 6-62 右图所示的尺寸 105。

步骤 3 按【Enter】键重复执行"线性"命令，捕捉并单击图 6-62 左图所示的端点 A、C 并向下移动光标，在合适位置单击标注尺寸 120。采用同样的方法捕捉并单击端点 E 和水平中心线的右端点 D 并向右移动光标，标注尺寸 45，结果如图 6-62 右图所示。

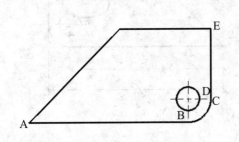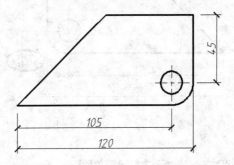

图 6-62 利用"线性"命令标注尺寸

使用"线性"命令标注尺寸时，指定尺寸界线的起点和终点后，可根据命令行提示输入"m"或"t"来修改尺寸文本中的数值。

步骤 4 在"注释"选项卡的"标注"面板中选择"对齐"命令，依次捕捉并单击图 6-63 所示的端点 A 和端点 B，然后向左上方移动光标，并在合适位置单击放置尺寸标注，结果如图 6-63 所示。

步骤 5 在"注释"选项卡的"标注样式"列表框中单击，在弹出的下拉列表中选择"角度半径"样式，然后在"标注"面板中选择"角度"命令，依次单击直线 AB 和 AC 并向右上方移动光标，在合适位置单击放置尺寸标注，结果如图 6-64 所示。

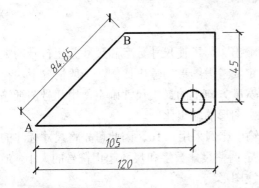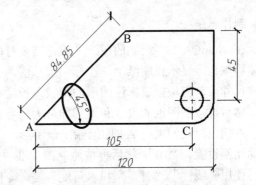

图 6-63 利用"对齐"命令标注尺寸　　　图 6-64 利用"角度"命令标注尺寸

使用"角度"命令不仅可以标注任意两条不平行的直线间的角度，还可以标注圆弧的角度。

步骤 6 在"注释"选项卡的"标注"面板中选择"半径"命令，然后单击要标注尺寸的圆弧，移动光标并在合适位置处单击以放置尺寸标注，结果如图 6-65 左图所示。

步骤 7 选择"直径"命令，然后在要标注尺寸的圆上单击，接着移动光标并在合适位置处单击，结果如图 6-65 右图所示。

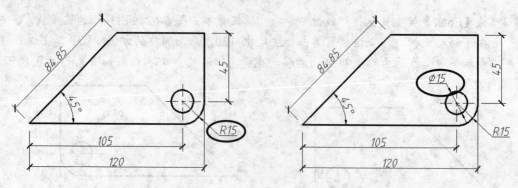

图 6-65　利用"半径"和"直径"命令标注尺寸

任务实施——标注钢筋详图

在了解了尺寸标注样式的设置方法和一些基本标注命令后，接下来，我们将通过标注图 6-66 所示的钢筋详图，来进一步熟悉为图形标注尺寸的基本流程和这些基本标注命令的使用方法。

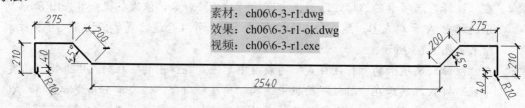

素材：ch06\6-3-r1.dwg
效果：ch06\6-3-r1-ok.dwg
视频：ch06\6-3-r1.exe

图 6-66　标注钢筋详图

制作思路

在 AutoCAD 中绘制的图形一般都需要打印输出。为了使尺寸数字和尺寸起止符号的大小能够规范地显示在图纸上，在标注尺寸前，一定要考虑图形的输出比例。一般情况下，在标注尺寸前，应根据要标注图形的形状及长度和宽度方向上的最大尺寸确定使用几号图纸输出，然后再按照图纸的尺寸和图形的最大尺寸确定图形的输出比例。

本例中，我们采用 A4 图纸输出该图形，其输出比例采用 1:10。因此可先将尺寸标注的全局比例设置为"10"，然后再按照制图标准的规定调整尺寸数字和尺寸起止符号的大小，最后再使用"线性"、"对齐"和"角度"等命令标注图形。

制作步骤

步骤1　打开本书配套光盘中的"素材">"ch06">"6-3-r1.dwg"文件，如图 6-67 所示。新建"尺寸标注"图层，将其颜色设置为"蓝"，线宽设置为"默认"，并将该图层设置为当前图层。

图 6-67　源文件

步骤 2 单击"注释"选项卡的"文字"面板右下角的 ⧉ 按钮,在打开的"文字样式"对话框中将"Standard"样式的字体设置为"gbeitc.shx",其余采用默认设置并关闭该对话框。

步骤 3 单击"注释"选项卡的"标注"面板右下角的 ⧉ 按钮,然后单击打开的"标注样式管理器"对话框中的 修改(M)... 按钮,打开"修改标注样式:ISO-25"对话框。

步骤 4 单击"线"选项卡,在"超出尺寸线"和"起点偏移量"编辑框中分别输入"2";单击"符号和箭头"选项卡,分别在"第一个"和"第二个"列表框中选择"建筑标记"选项,采用默认的箭头大小值"2.5"。

步骤 5 单击"文字"选项卡,采用默认的文字样式"Standard",在"文字高度"编辑框中输入"5";单击"调整"选项卡,在"使用全局比例"编辑框中输入"15",其余选项卡采用默认设置,依次单击 确定 和 关闭 按钮,完成标注样式的设置。

步骤 6 在"注释"选项卡的"标注"面板中选择"线性"命令,依次捕捉并单击端点 A 和 B,然后竖直向下移动光标并在合适位置处单击,标注图 6-68 中的尺寸 2540。

步骤 7 按【Enter】键重复执行"线性"命令,采用同样的方法标注图 6-68 所示的其他尺寸。

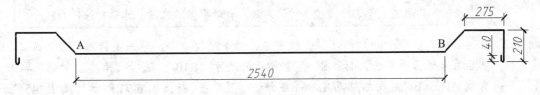

图 6-68 利用"线性"命令标注尺寸

　　若要调整尺寸数字的位置,可先选中要调整的尺寸标注,然后单击尺寸数字上的夹点并移动光标,最后在合适位置即可,以下类似情况不再赘述。

步骤 8 在"注释"选项卡的"标注"面板中选择"对齐"命令,捕捉并单击端点 C 和 D,然后向左上方移动光标并在合适位置单击,结果如图 6-69 所示。

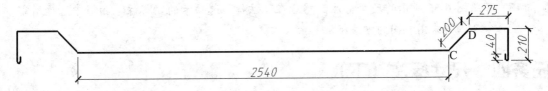

图 6-69 利用"对齐"命令标注尺寸

步骤 9 单击"注释"选项卡的"标注"面板右下角的 ⧉ 按钮,单击 新建(N)... 按钮打开"创建新样式"对话框,在"用于"列表框中单击,然后在弹出的下拉列表中选择"半径标注",如图 6-70 左图所示。

步骤 10 单击 继续 按钮,在打开的对话框中选择"符号和箭头"选项卡,然后在"第二个"列表框中选择"实心闭合",如图 6-70 中图所示。单击 确定 按钮,完成"半径"子样式的创建。

步骤 11 单击"标注样式管理器"对话框中的 新建(N)... 按钮,在打开的对话框的"用于"列表框中选择"角度标注"选项后单击 继续 按钮，然后在打开的对话框中选择"符号和箭头"选项卡，其设置如图 6-70 右图所示。设置完成后依次单击 确定 和 关闭 按钮。

图 6-70　分别创建"半径"和"角度"子样式

> 除了使用上述方法创建半径尺寸和角度尺寸的标注样式外，还可以基于"ISO-25"样式单独创建一个尺寸起止符号为"实心闭合"的标注样式。
>
> 使用子样式的好处是标注尺寸时不需要切换标注样式，即在使用"线性"、"半径"和"角度"命令标注尺寸时，系统会自动根据所选命令选择标注样式。

步骤 12　在"注释"选项卡的"标注"面板中选择"半径"命令，单击要标注尺寸的圆弧，然后在合适位置单击，标注图 6-71 所示的尺寸"R10"；选择"角度"命令，单击直线 AB 和 BC 后向右移动光标并在合适位置单击，标注图 6-71 所示的尺寸"45°"。

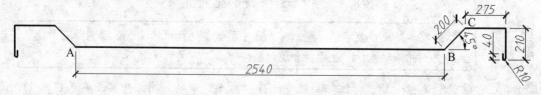

图 6-71　利用"半径"和"角度"命令标注尺寸

步骤 13　参照图 6-66 所示的尺寸标注，然后在"注释"选项卡的"标注"面板中选择所需命令，并采用相同的方法标注其余尺寸。

任务四　尺寸标注（下）

任务说明

在本任务中，我们将学习标注尺寸的另外 4 个命令——连续标注、基线标注、快速标注和引线标注。此外，对于已经标注的尺寸，我们既可以使用该尺寸上的夹点调整尺寸线的位置，也可以根据绘图需要修改其尺寸文字。

预备知识

一、连续标注

使用"连续"命令可以创建与前一个或指定尺寸首尾相连的一系列线性尺寸或角度尺寸。要使用该命令标注尺寸，必须先创建（或选择）一个尺寸作为第一条尺寸界线的起点，然后根据命令行提示，依次选择其他点作为第二条尺寸界线的原点。

下面，我们将通过在图 6-72 左图所示的基础上标注连续尺寸（结果参见图 6-71 右图），来学习"连续"命令的具体操作方法。

素材：ch06\6-4-y1.dwg

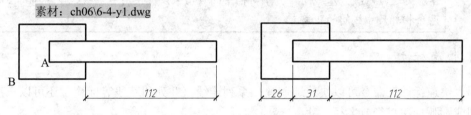

图 6-72　标注连续尺寸

步骤 1　打开本书配套光盘中的"素材">"ch06">"6-4-y1.dwg"文件，如图 6-72 左图所示。在"注释"选项卡的"标注"面板中单击"连续"按钮，然后单击图 6-72 左图所示的尺寸标注的左侧尺寸界线，以指定连续尺寸的第一条尺寸界线。

步骤 2　向左移动光标，捕捉并单击图 6-72 左图中的端点 A，以标注尺寸 31，接着捕捉并单击端点 B，标注尺寸 26，最后按【Esc】键或连续按两次【Enter】键结束该命令，结果如图 6-72 右图所示。

> 　　若标注某个线性或角度尺寸后执行"连续"命令，系统会自动将最后一次标注的尺寸的第二条尺寸界线作为连续尺寸的第一条尺寸界线。若要重新指定连续尺寸的第一条尺寸界线，可在执行"连续"命令后，直接按【Enter】键，然后在绘图区单击选择所需尺寸界线。

二、基线标注

使用"基线"命令可以创建一系列由同一尺寸界线处引出的多个相互平行且间距相等的线性标注或角度标注。在进行基线标注前，必须先创建（或选择）一个尺寸界线作为基准线。

要使用"基线"命令标注尺寸，可先在"注释"选项卡的"标注"面板中单击"连续"按钮右侧的三角符号，然后在弹出的下拉列表中选择"基线"命令。此时，系统会自动将最后一次创建的尺寸标注的第一条尺寸界线作为基准线（用户也可直接按【Enter】键，选择所需基准线），然后根据需要依次单击其他点，以指定第二条尺寸界线的起始点。

例如，在执行"基线"命令后，选择图 6-73 左图所示尺寸的右侧尺寸界线，然后依次捕捉并单击端点 A、B，最后连续按两次【Enter】键结束命令，结果如图 6-73 右图所示。

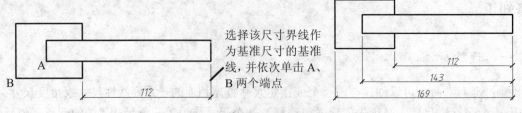

图 6-73 标注基线尺寸

 在标注基线尺寸前，我们可通过单击"注释"选项卡的"标注"面板右下角的按钮，然后直接单击 修改(M)... 按钮，接着在打开的对话框中选择"线"选项卡，并通过修改"基线间距"编辑框中的数值来设置使用"基线"命令所标注的两条相邻尺寸线间的距离。

三、快速标注

使用"快速标注"命令可以快速地创建一系列连续、并列和基线等标注，还可以一次性为多个圆或圆弧标注直径或半径尺寸。

例如，要使用"快速标注"命令快速标注图 6-74 右图所示的尺寸，具体操作步骤如下。

步骤1 在"注释"选项卡的"标注"面板中单击"快速标注"按钮，然后依次单击选取图 6-74 左图所示的直线 1、直线 2、直线 3 和直线 4，按【Enter】键结束对象的选取。

步骤2 在命令行"指定尺寸线位置或[连续（C）/并列（S）/基线（B）/坐标（O）/半径（R）/直径（D）/基准点（P）/编辑（E）/设置（T）]<连续>:"的提示下输入"b"并按【Enter】键，选择"基线"模式。

步骤3 接着向下移动光标并在合适位置单击，指定各尺寸的位置，结果如图 6-74 右图所示。

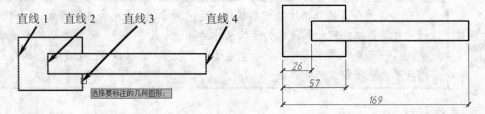

图 6-74 使用"快速标注"命令快速标注图形

 使用"快速标注"命令标注基线尺寸时，系统会自动将最后一次选取的对象作为基准进行基线标注。

指定快速标注模式（如连续、并列和基线）后，通过向上（下）或左（右）方向移动光标，可分别生成水平或竖直尺寸。

四、多重引线标注

多重引线一般由带箭头或不带箭头的直线或样条曲线（又称引线），一条短水平线（又称基线），以及处于引线末端的文字或块组成。在建筑制图中，多重引线标注通常用于为图形添加说明、注释及定位轴线与编号等,如图 6-75 所示。

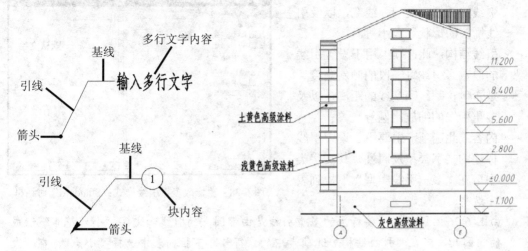

图 6-75 引线标注示例

1. 设置多重引线样式并注释图形

与尺寸标注相似,多重引线标注中的字体和线型都是由其样式所决定的。因此,标注前,我们可根据需要预先定义合适的多重引线样式,即指定引线、箭头和注释内容的格式等。

在 AutoCAD 中,系统默认提供了一个"Standard"多重引线样式,该样式由闭合的实心箭头、直线引线和多行文字组成。如果需要新建或修改引线样式,可在"注释"选项卡的"引线"面板中单击█按钮,然后在打开的"多重引线样式管理器"对话框中进行操作。

下面,我们将以标注图 6-76 右图所示的多重引线为例,讲解多重引线样式的设置及其标注方法,具体操作步骤如下。

步骤 1 打开本书配套光盘中的"素材">"ch06">"6-4-y4.dwg"文件,如图 6-76 左图所示。在"注释"选项卡的"引线"面板中单击█按钮,打开图 6-77 所示的"多重引线样式管理器"对话框。

素材:ch06\6-4-y4.dwg
效果:ch06\6-4-y4-ok.dwg

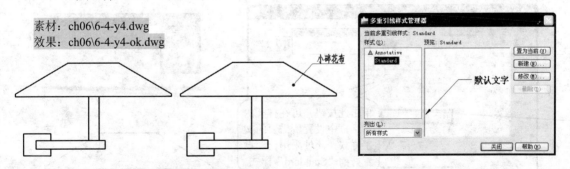

图 6-76 使用"多重引线"命令注释图形   图 6-77 "多重引线样式管理器"对话框

步骤 2 单击此对话框中的 █修改(M)...█ 按钮,打开图 6-78 所示的"修改多重引线样式:Standard"对话框。

此对话框用于设置多重引线的引线格式、引线结构和内容样式,其各选项卡的功能如下。

> ➤ **引线格式**：此选项卡主要用于设置引线的类型、线型、线宽，以及引线箭头的形状和大小等。
> ➤ **引线结构**：此选项卡用于设置引线的段数、引线每一段的倾斜角度、是否包含基线和基线的距离，以及多重引线的缩放比例等。
> ➤ **内容**：此选项卡主要用于设置引线标注的文字类型及属性，其文字类型可在"多重引线类型"下拉列表中选择。

图 6-78 "修改多重引线样式：Standard"对话框

步骤 3 由图 6-76 右图可知，要标注的多重引线是由带圆点的引线和文字"小碎花布"组成的。因此，应在"引线结构"选项卡中的"符号"下拉列表中选择"小点"，在"大小"编辑框中输入"20"。

步骤 4 单击"内容"选项卡，采用系统默认选择的多重引线类型"多行文字"，然后在"文字高度"编辑框中输入"14"，其他设置如图 6-79 所示。

> "引线结构"选项卡中的"最大引线点数"编辑框中的数值用于确定引线的折弯次数，即数值 2 或 3 均表示引线折弯一次（即一条引线），数值 4 表示折弯两次（即两条引线），数值 5 表示折弯三次，依此类推。

步骤 5 设置完成后，依次单击 **确定** 和 **关闭** 按钮，完成引线样式的设置。

步骤 6 在"注释"选项卡的"引线"面板中单击"多重引线"按钮，在图 6-80 所示的点 A 处单击，指定引线箭头的位置，然后移动光标并点 B 处单击，指定基线的位置，并在弹出的编辑框中输入"小碎花布"，最后在绘图区任意位置处单击，完成多重引线的标注，结果如图 6-76 右图所示。

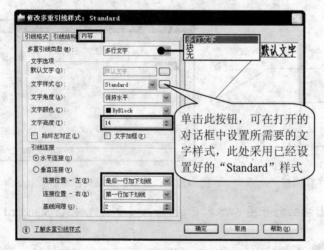

图 6-79 设置多重引线的文字样式

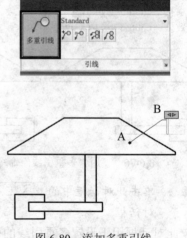

图 6-80 添加多重引线

> 在执行"多重引线"命令后,系统默认按"指定箭头位置→引线(基线)位置→文字或块"的顺序标注多重引线。读者还可以根据需要,按照命令行中的提示重新设置多重引线的绘制顺序。但若重新设置了多重引线的绘制顺序,则以后标注多重引线时,系统会自动继承前一次设置的顺序。

2. 编辑多重引线

标注多重引线后,若要修改多重引线中的文字内容,可在命令行中输入"ed"并按【Enter】键,然后选择要修改的多重引线,在弹出的文本编辑框中进行修改;若要修改多重引线中箭头的大小、基线距离或文字的高度等特性,可通过修改多重引线的样式进行修改,或双击要修改的多重引线,然后在弹出的"特性"选项板中进行修改,如图 6-81 所示。

五、编辑尺寸标注

对于已经标注的尺寸,我们既可以使用该尺寸上的夹点调整尺寸线的位置,也可以根据绘图需要修改其尺寸文字。

1. 使用夹点调整尺寸标注

在 AutoCAD 中,选中某尺寸标注后,可显示该尺寸标注上的所有夹点,如图 6-82 所示。不同类型的尺寸标注,其夹点的个数和功能也不相同。

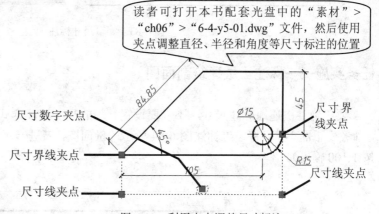

图 6-81 "特性"选项板   图 6-82 利用夹点调整尺寸标注

尺寸标注中各夹点的功能如下:

➤ **尺寸数字夹点**:单击尺寸数字的夹点并沿与尺寸线垂直的方向移动光标,可改变尺寸线的放置位置,若沿与尺寸线平行的方向移动光标,可移动尺寸数字的位置。

➤ **尺寸线夹点**:单击尺寸线夹点并移动光标,可同时改变尺寸线和尺寸数字的位置。

➤ **尺寸界线夹点**:单击尺寸界线的夹点并移动光标,可调整尺寸界线原点的位置。

2. 编辑尺寸文本

若要修改尺寸文本中的数值,可在标注尺寸的过程中,按照命令行提示输入"t"或"m"进行编辑,或在标注尺寸后,使用"ed"命令来编辑修改。例如,要标注图 6-83 左下图所示的尺寸，可按以下两种方法进行操作。

> **方法一**：选择"线性"命令，依次单击图 6-83 左上图所示的端点 A、B，然后根据命令行提示输入"t"并按【Enter】键，接着在动态输入框中输入"4×8=32"并按【Enter】键，向上移动光标并在合适位置单击即可。

> **方法二**：选择"线性"命令，依次单击图 6-83 左上图所示的端点 A、B，以标注线性尺寸 32，然后输入"ed"并按【Enter】键，选择所标注的尺寸 32，然后光标移至编辑框中的数字"32"前并输入"4×8="，最后在绘图区其他位置单击即可。

 在 AutoCAD 中，尺寸标注中的大多数特殊符号都可以借助各种输入法所提供的软键盘来输入，如图 6-83 右图所示。

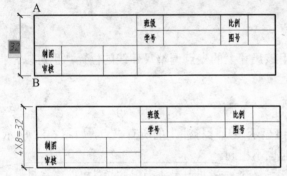

素材：ch06\6-4-y5-02.dwg
效果：ch06\6-4-y5-02-ok.dwg

图 6-83 编辑尺寸标注

任务实施——标注三层建筑剖面图

要正确且快速地标注尺寸，不仅要设置合理的尺寸标注样式，还需要选择合适的尺寸标注命令。下面，我们将通过标注图 6-84 所示的剖面图，来进一步学习本项目所学知识（要求：按 1:100 输出）。

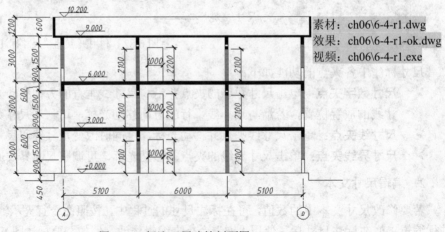

素材：ch06\6-4-r1.dwg
效果：ch06\6-4-r1-ok.dwg
视频：ch06\6-4-r1.exe

图 6-84 标注三层建筑剖面图

制作思路

要标注图 6-84 所示的尺寸，我们可先利用"线性"和"连续"命令为图形标注基本尺寸，然后为图形添加标高符号，最后使用"多重引线"命令为图形标注定位轴线和编号。

制作步骤

步骤 1　打开本书配套光盘中的"素材" > "ch06" > "6-4-r1.dwg"文件，将"尺寸标注"图层设置为当前图层。

步骤 2　在"注释"选项卡的"标注"面板中选择"线性"命令，依次捕捉并单击图 6-85 左图所示的中点 A、B 并竖直向下移动光标，然后在合适位置处单击，标注图 6-85 右图中的尺寸 5100。

> 为了便于读者操作，源文件中的图层和尺寸标注样式已经设置好了，读者只需打开该文件进行尺寸标注即可。

步骤 3　在"注释"选项卡的"标注"面板中单击"连续"按钮，按【Enter】键后单击尺寸 5100 的右侧尺寸界线，接着依次捕捉并单击图 6-85 左图所示的中点 C、D，最后按两次【Enter】键结束命令，结果如图 6-85 右图所示。

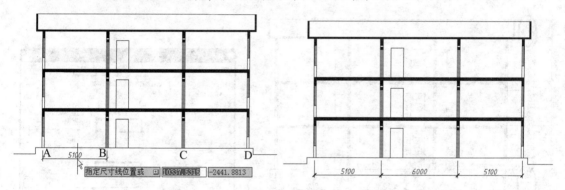

图 6-85　利用"线性"和"连续"命令标注尺寸

步骤 4　采用同样的方法，利用在"注释"选项卡的"标注"面板中的"线性"和"连续"命令，标注图 6-86 左图所示的尺寸。

> 在标注过程中，可根据绘图需要，随时利用尺寸数字上的夹点调整尺寸数字的位置，如调整图 6-86 左图中尺寸 600 和门的宽度尺寸 1000。

步骤 5　选取图 6-86 左图所示的尺寸标注，然后在绘图区右击，从弹出的下拉列表中选择"特性"选项，打开"特性"选项板；在"调整"设置的"文字移动"列表框中单击，在弹出的下拉列表中选择"移动文字时不添加引线"选项，如图 6-86 右图所示；单击尺寸数字上的夹点调整尺寸数字的位置，最后按【Esc】键取消所选对象，结果如图 6-87 所示。

步骤 6　利用在"注释"选项卡的"标注"面板中的"线性"和"连续"命令，标注图 6-86 左图所示的连续尺寸。

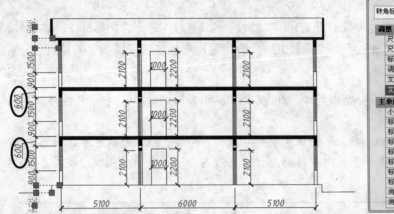
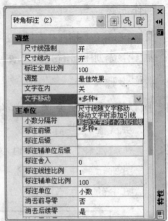

图 6-86　标注尺寸并调整部分文字位置

步骤 7　在"插入"选项卡的"块"面板中单击"插入"按钮，在打开的"插入"对话框中单击 浏览(B)... 按钮，然后在打开的"选择图形文件"对话框中选择"素材">"ch06">"标高符号.dwg"文件并单击 打开(Q) 按钮，其他设置如图 6-88 所示。

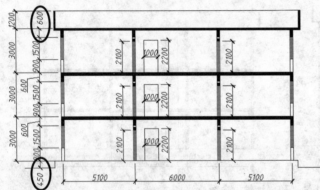

图 6-87　标注线性尺寸　　　　　　　　　　　图 6-88　"插入"对话框

步骤 8　单击 确定 按钮，捕捉水平地平线的左端点并向右移动光标，在合适位置单击后在出现的动态提示框中输入"±0.000"并按【Enter】键，结果如图 6-89 左图所示。

步骤 9　双击插入的标高符号，然后在打开的"增强属性编辑器"对话框中选择"文字选项"选项卡，在"高度"编辑框中输入值"500"并单击 确定 按钮，如图 6-89 右图所示。

步骤 10　在"常用"选项卡的"修改"面板中单击"复制"按钮，参照将所标注的"标高符号"图块复制到所需位置，然后双击图块，参照图 6-89 在打开的"增强属性编辑器"对话框中修改标高值。

步骤 11　在"注释"选项卡的"引线"面板中单击 按钮，在打开的"多重引线样式管理器"对话框中单击 修改(M)... 按钮，然后在"引线格式"选项卡的"线型"列表框中单击，在弹出的下拉列表中选择"其他"选项，在打开的"选择线型"对话框中单击 加载(L)... ，参照设置图层线型的方法加载"CENTER"线型，箭头设置参照图 6-90 左上图所示。

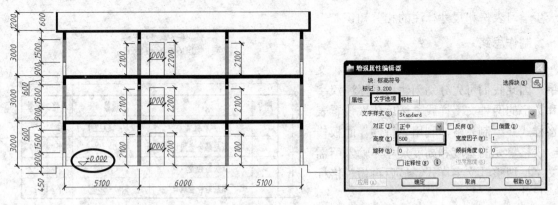

图 6-89 插入"标高符号"图块并修改文字高度

步骤 12 选择"引线结构"选项卡,取消"自动包含基线"和"设置基线距离"复选框,然后在"指定比例"编辑框中输入"100";选择"内容"选项卡,其设置如图 6-90 左下图所示。依次单击 [确定] 和 [关闭] 按钮,完成引线样式的设置。

步骤 13 在"注释"选项卡的"引线"面板中单击"多重引线"按钮⚲,在图 6-90 右图所示的中点 A 处单击后竖直向下移动光标,然后输入"A"并按【Enter】键,完成多重引线的标注。

步骤 14 按【Enter】键重复执行"多重引线"命令,或利用"复制"命令,以图 6-90 右图所示的中点 B 为引线箭头的起点标注另外一条多重引线。

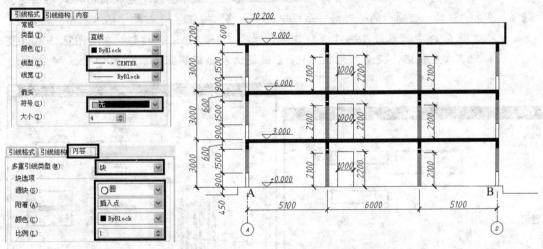

图 6-90 设置多重引线样式并标注定位轴线及编号

步骤 15 选择"格式" > "线型"菜单,在打开的"线型管理器"对话框中将"全局比例因子"设置为"15",然后利用尺寸界线上的夹点调整多重引线处的尺寸界线的长度。

任务五 综合案例——绘制明细栏并标注尺寸

下面,我们将通过绘制图 6-91 所示的明细栏并标注尺寸(要求文字高度均为 14),来进一步学习表格和尺寸标注的相关知识。

制作思路

图 6-91 所示的明细栏中包括两种文字，因此我们可先分别创建用于标注汉字和数字的两种文字样式，然后依次设置表格样式并绘制表格，利用"特性"面板修改表格单元的宽度和高度尺寸，输入所需文字后调整其文字样式，最后再为表格标注尺寸。

效果：ch06\6-5-r1.dwg
视频：ch06\6-5-r1.exe

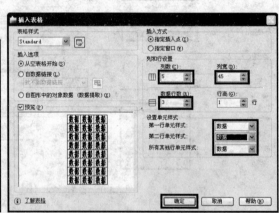

序号	名称	规格	单位	数量
1	风机盘管	FP-10（立）	台	17
2	双层路合金风口	1000X150	个	20
3	双层路合金风口	500X150	个	20
4	单层路合金风口	500X500	个	8

图 6-91 绘制明细栏并标注尺寸

制作步骤

步骤1 单击"注释"选项卡的"文字"面板右下角的按钮，在打开的"文字样式"对话框中新建"汉字"和"数字及字母"两种文字样式。其中，"汉字"样式的字体为"仿宋_GB2312"，高度为"14"，宽度为"0.7"；"数字及字母"样式的设置如图6-92所示，最后依次单击 应用(A) 和 关闭(C) 按钮，完成标注样式的创建。

步骤2 单击"注释"选项卡的"表格"面板右下角的符号，在打开的"表格样式"对话框中单击 修改(M)... 按钮，打开"修改表格样式：Standard"对话框；单击"常规"选项卡，在"对齐"下拉列表中选择"正中"；单击"文字"选项卡，在"文字样式"下拉列表框中选择"汉字"；单击 确定 和 关闭 按钮，完成表格样式的创建。

步骤3 单击"注释"选项卡的"表格"面板中的"表格"按钮，打开"插入表格"对话框；参照图6-93中的参数及选项进行设置，然后单击 确定 按钮，在绘图区任意位置单击以放置表格，接着按两次【Esc】键退出表格编辑状态，结果如图6-94所示。

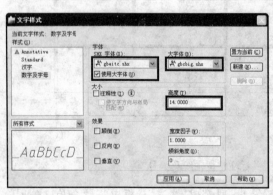

图 6-92 新建"汉字"和"数字及字母"文字样式

图 6-93 "插入表格"对话框

步骤4 单击图6-94中的表格单元1后按住【Shift】键单击表格单元2，然后在绘图区右击，从弹出的快捷菜单中选择"特性"选项，打开"特性"选项板；在"单元"设置区的"单元高度"编辑框中单击，然后输入值"35"并按【Enter】键，如图6-95所示。

步骤5 参照图6-96所示的尺寸，采用同样的方法在"特性"选项板中调整表格单元的宽度。

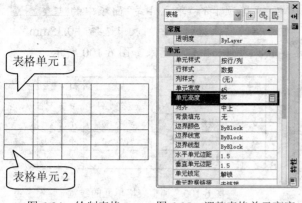

图 6-94 绘制表格　　　　图 6-95 调整表格单元高度　　　　图 6-96 调整表格单元的宽度

步骤 6 双击图 6-94 中的表格单元 1 进入文字编辑状态，输入"序号"后按【Tab】键移动光标，参照图 6-91 在其他表格单元中输入内容，最后在绘图区的任意位置单击退出文字编辑状态。

步骤 7 选中所有表格单元，然后在出现的"表格单元"选项卡的"单元样式"面板中单击"对齐"按钮 ，在弹出的下拉列表中选择"正中"选项，最后按【Esc】键取消所选对象，结果如图 6-97 左上图所示。

步骤 8 将光标移至图 6-97 左上图所示的①处按下鼠标左键并拖动鼠标，然后在②处松开鼠标，接着在"特性"选项板的"内容"设置区的"文字样式"列表框中单击，在弹出的下拉列表中选择"数字及字母"选项，如图 6-97 右图所示，最后按【Esc】键取消所选对象。

步骤 9 采用同样的方法选择要调整字体的表格单元，然后在"特性"选项板中将其字体设置为"数字及字母"，结果如图 6-97 左下图所示。

步骤 10 双击内容为"FP-10（立）"的表格单元进入文字编辑状态，选中文字"FP-10"后在"文字编辑器"选项卡的"字体"列表框中单击，在弹出的下拉列表中选择"gbeitc"；单击"表格"面板标签中的 符号，然后在"宽度因子"编辑框中输入 1，如图 6-98 所示；在绘图区任意空白位置处单击，退出表格的编辑状态，结果如图 6-99 所示。

图 6-97 调整文字的对齐方式及样式　　　　图 6-98 调整所选文字的字体

步骤 11 选中所有表格单元，然后单击"表格单元"选项卡的"单元样式"面板中的 ⊞ 编辑边框 按钮，在打开的"单元边框特性"对话框的"线宽"下拉列表中选择"0.35mm"，然后单击"外边框"按钮 ⊡，最后单击 确定 按钮，结果如图 6-100 所示。

序号	名称	规格	单位	数量
1	风机盘管	FP-10（立）	台	17
2	双层路合金风口	1000X150	个	20
3	双层路合金风口	500X150	个	20
4	单层路合金风口	500X500	个	8

图 6-99　修改文字字体效果图

序号	名称	规格	单位	数量
1	风机盘管	FP-10（立）	台	17
2	双层路合金风口	1000X150	个	20
3	双层路合金风口	500X150	个	20
4	单层路合金风口	500X500	个	8

图 6-100　调整表格单元的线宽

步骤 12 单击"注释"选项卡的"标注"面板右下角的 ⌐ 按钮，然后在打开的"标注样式管理器"对话框中单击 修改(M)... 按钮，在打开的"修改标注样式：ISO-25"对话框中选择"符号和箭头"选项卡，将箭头的类型设置为"建筑标记"，大小设置为"7"；选择"线"选项卡，然后在"超出尺寸线"和"起点偏移值"编辑框中分别输入"4"。

步骤 13 单击"文字"选项卡，在"文字样式"下拉列表中选择"数字及字母"，其他采用默认设置，依次单击 确定 和 关闭 按钮，完成标注样式的修改。

步骤 14 创建"尺寸标注"图层，其颜色为"蓝"，线宽为"默认"，并将其设置为当前图层。

步骤 15 在"注释"选项卡的"标注"面板中选择"线性"按钮，捕捉并单击图 6-100 中的端点 A 和 B；输入"m"并按【Enter】键，接着输入"5×35 ="，如图 6-101 左图所示；在编辑框外的任意位置单击，最后移动光标在合适的位置单击。

步骤 16 按【Enter】键重复执行"线性"命令，标注图 6-101 右图中的尺寸"45"；执行"连续"命令，以尺寸"45"的右侧尺寸界线为基准，依次标注其余尺寸。

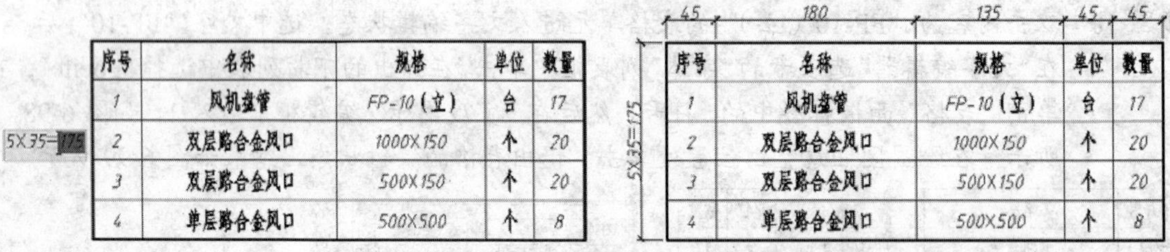

序号	名称	规格	单位	数量
1	风机盘管	FP-10（立）	台	17
2	双层路合金风口	1000X150	个	20
3	双层路合金风口	500X150	个	20
4	单层路合金风口	500X500	个	8

序号	名称	规格	单位	数量
1	风机盘管	FP-10（立）	台	17
2	双层路合金风口	1000X150	个	20
3	双层路合金风口	500X150	个	20
4	单层路合金风口	500X500	个	8

图 6-101　标注尺寸

项目总结

　　要为图形添加文字注释、表格和尺寸标注，首先应设置好文字样式、表格样式和尺寸标注样式，然后再注写文字、绘制表格或进行尺寸标注。读者在学完本项目内容后，还应注意以下几点。

➤ 在使用"单行文字"命令输入文字时，如果文字样式中文字的高度值不为 0，则在执行该命令的过程中，系统将不再提示设置文字高度。

> ➢ 当要注写的对象中包含特殊符号时，最好使用"多行文字"命令进行注写。因为使用"多行文字"命令时，可借助"文字编辑器"界面中的"插入"面板方便地输入所需符号。

> ➢ 无论是使用"单行文字"命令还是"多行文字"命令所注写的文字，均可通过双击或使用"ed"命令对其进行编辑修改。但是，使用这两种方法只能修改单行文字的内容，不能修改其文字高度、旋转角度及对正方式等。

> ➢ 绘制表格前，首先应设置表格样式。绘制表格时，必须设置表格单元第一行和第二行的单元样式。如果要绘制的表格不包含表头和标题，那么在设置表格样式时，只设置"数据"单元样式的文字样式和对齐方式等。

> ➢ 要插入、删除、合并表格单元，或调整表格内容的对齐方式，除了使用"表格单元"选项卡中的各面板下的相关命令进行操作外，还可以先选中要修改的表格单元，然后在绘图区右击，并在弹出的下拉列表中选择所需命令进行操作。

> ➢ AutoCAD 中的尺寸与尺寸标注样式相关联，通过调整尺寸标注样式，可以控制位于该样式下的所有尺寸标注的外观效果。但是，在"特性"选项板中修改尺寸的箭头样式、文字大小或文字样式等特性后，这些已经被修改过的特性不再随该标注样式的改变而改变。

> ➢ 要使用"多重引线"命令标注图形，首先应创建合适的引线样式，然后再进行标注。若要修改多重引线中所标注的文字，可使用"ed"进行编辑修改。

项目实训

一、标注洁具图形

打开本书配套光盘中的"素材">"ch06">"6-sx-1.dwg"文件，利用本项目所学知识标注图 6-102 所示的洁具图形，要求文字高度为"5"，箭头及建筑标记大小为"2.5"。

二、绘制门窗明细表

利用本项目所学知识绘制图 6-103 所示的门窗明细栏，要求所有汉字字体为"仿宋_GB2312"，宽度比例因子为"0.7"，字母与数字的字体为"gbeitc.shx"和"gbcbig.shx"，宽度比例因子为"1"，所有文字高度为 5。

素材：ch06\6-sx-1.dwg
效果：ch06\6-sx-1-ok.dwg

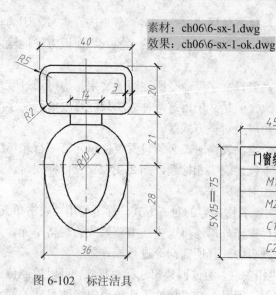

图 6-102　标注洁具

效果：ch06\6-sx-2.dwg

门窗编号	洞口尺寸	数据	位置
M1	4260×2700	2	阳台
M2	1500×2700	1	主入口
C1	1800×1800	2	楼梯间
C2	1020×1500	2	卧室

图 6-103　绘制门窗明细表

三、标注小屋立面图

打开本书配套光盘中的"素材" > "ch06" > "6-sx-3.dwg"文件，利用本项目所学知识标注图 6-104 所示的小屋立面图，要求文字高度为"5"，尺寸起止符号大小为"2.5"，全局比例因子为"100"。

素材：ch06\6-sx-3.dwg
效果：ch06\6-sx-3-ok.dwg

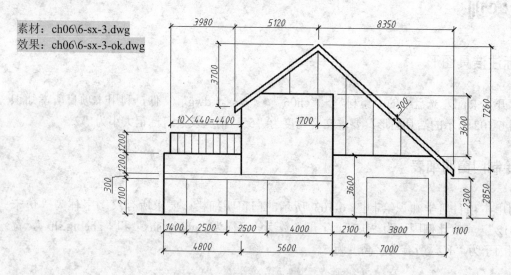

图 6-104　标注小屋立面图

提示：

设置尺寸标注样式时，数字的高度及尺寸起止符号的大小均按要求设置，然后在"调整"选项卡的"全局比例因子"编辑框中输入"100"。对于已经标注的尺寸，除了可以使用尺寸标注上的夹点调整尺寸位置外，还可以在"特性"选项板中设置是否为尺寸数字添加引线。

项目考核

一、选择题（可多选）

1. 下列关于文字注释的说法中，错误的是（ ）。
   A. 要创建或修改文字样式，可在命令行中输入命令"st"并按【Enter】键，在打开的"文字样式"对话框进行操作
   B. 修改文字样式中的字体，不会影响使用"单行文字"命令所注写的文字
   C. 使用"单行文字"命令注写文字时，需要指定文字的旋转角度
   D. 使用"多行文字"命令可以注写各种符号及堆叠文字

2. 要使用"单行文字"命令注写"Ø"符号，可在编辑框中输入（ ）。
   A. %%d   B. %%c   C. %%p   D. %c

3. 创建表格样式时，不能设置的是（ ）。
   A. 表格方向   B. 表格大小   C. 文字高度   D. 文字对正方式

4. 在选择相邻的多个表格单元时，可以通过拖动鼠标进行选择，也可单击需要选择的单元区域的某个角点，然后按住（ ）键单击另一个角点。
   A.【Shift】   B.【Ctrl】   C.【Esc】   D.【空格键】

5. 创建尺寸标注样式时，利用"标注样式管理器"对话框中的"文字"选项卡，不可以设置（ ）。
   A. 文字样式   B. 字高   C. 起点偏移量   D. 尺寸数字的对齐方式

6. 进行（ ）标注时，总是从同一条基线绘制尺寸标注。
   A. 对齐   B. 角度   C. 基线   D. 连续

7. 要修改使用"多重引线"命令标注的对象中的内容，可使用（ ）命令。
   A. dimedit   B. ed   C. dimtedit   D. dtext

8. 下面说法错误的是（ ）。
   A. 利用"ed"命令可以修改尺寸数字的内容
   B. 在"特性"选项板中可以修改尺寸的箭头样式、文字大小和文字样式等特性
   C. 执行"基线"命令后直接按【Enter】键，可重新指定尺寸基准线
   D. 要对某些表格单元进行求和运算，应先在要插入公式的表格单元中双击，然后选择"求和"选项

二、问答题

1. 设置文字样式时，若将"文字样式"对话框中字体的高度分别设置为0和不为0，以尺寸标注为例，说明这两种情况各有什么不同？
2. 怎样修改使用"单行文字"命令注写的文字的高度？
3. 移动尺寸数字的位置时，要求在尺寸数字和尺寸线间不添加引线，该如何操作？
4. 要使用"多重引线"命令为建筑平面图标注定位轴线及编号，如何设置多重引线样式？

项目七　绘制建筑施工图

项目导读

　　建筑施工图是表示建筑物的总体布局、外部造型、内部布置、细部构造、内外装饰和施工要求的图样，其主要内容包括总平面图、建筑平面图、立面图、剖面图和部分详图。由于建筑平面图、立面图和剖面图是建筑施工图中最基本的图样，因此本项目中，我们将主要讲解使用 AutoCAD 绘制这 3 种基本图的方法及相关知识。

学习目标

　　&　了解建筑平面图、立面图和剖面图的命名方式、视图特点、各视图所包含的内容及国标的有关规定。

　　&　掌握绘制建筑平面图的方法和步骤，并能够合理地绘制所需要的建筑平面图。

　　&　掌握建筑立面图中台阶、阳台、门、窗、雨篷、屋顶等构件的绘制方法，并能够绘制较复制的建筑立面图。

　　&　了解建筑剖面图的被剖构件的表达方法，并能够使用 AutoCAD 中的相关命令绘制合理的建筑剖面图。

任务一　绘制建筑平面图

任务说明

　　建筑平面图简称平面图，是指假想用一水平剖切面将建筑物在某层门窗洞口范围内剖开，然后移去剖切平面以上的部分，并对剩下的部分作水平投影所得的水平投影图。建筑平面图主要反映房屋的平面形状、大小和房间布置；墙或柱的位置、大小和厚度；楼梯、走廊的设置，以及门窗的类型和位置等，可作为施工放线，砌筑墙、柱，安装门窗和室内装修等工作的依据。

预备知识

一、建筑平面图概述

建筑平面图通常按层数绘制平面图，有几层就应画几个平面图，并在所绘图的下方注以相应的图名，如一层（通常称为底层）平面图、二层平面图……顶层平面图。如果除一层和顶层外，其余中间层的平面布置、房间分隔和大小完全相同，则可用一个平面图表示，图名为"X-X 层平面图"或"标准（中间）层平面图"。

对于多层建筑来说，建筑平面图一般应有底层平面图、标准层平面图、顶层平面图和屋顶平面图等。

> ➢ **底层平面图**：主要表示房屋一层的平面形状及布置情况，具体内容有房间的分隔和组合、房间名称；出入口、门厅、走廊和楼梯的位置；门、窗的位置及编号等。此外，还应反映房屋的朝向（用指北针表示）、室外台阶、散水和阳台等的布置。
>
> ➢ **标准层平面图**：表示房屋中间几层的布置情况。其中，二层平面图除了要表示出二层的投影内容外，还应画出过底层门窗洞口的水平剖切面以上的雨篷，而对于散水、台阶、花池等一层室外部分则无需画出。
>
> ➢ **顶层平面图**：表示房屋最高层的平面布置图。一般情况下，顶层平面图与标准层平面图的差别不大，有的房屋建筑的顶层平面图与标准层平面图相同，此时顶层平面图可以省略不画。
>
> ➢ **屋顶平面图**：用于表示房屋顶部的水平投影图，主要用来表示屋顶的女儿墙、水箱间、出屋面楼梯间、屋面检修孔、排烟道等位置，以及屋顶的排水情况（包括排水坡度、方向、天沟、排水口、雨水管的布置等）。

另外，当某些楼层平面的布置基本相同，仅有局部不同，或者当某些局部布置由于比例较小而固定设备较多，或者内部组合比较复杂时，可另外画较大比例的局部平面图。如男女厕所平面图和盥洗间平面图。局部平面图中应详细标注每个构配件的细部尺寸。

二、绘制建筑平面图的步骤

在 AutoCAD 中绘制建筑平面图的总体思路是先整体、后局部，其主要的绘图步骤如下。

① 创建图层。创建绘图时所需要的图层，如"定位轴线"图层和"尺寸标注"图层等。

② 绘制定位轴线。用点画线绘制主要的轴线，形成轴线网格。

③ 绘制平面图。先沿定位轴线绘制外墙体，然后再依次绘制内墙、柱子、门窗洞口，以及门窗、阳台、楼梯和其他局部细节等。其中，墙体和窗子可用"多线"命令绘制，门和楼梯可单独绘制，然后再将其复制到所需位置。

> 　　在建筑平面图中，门和柱子是经常需要使用的，因此，通常情况下我们将柱子制作成普通块，将门的平面图制作成动态块，并分别将其单独储存。当需要使用时直接插入即可（由于平面图中的门一般有多种尺寸，为了便于修改其尺寸，因此我们将门制作为动态块）。

④ 绘制其他局部细节。根据绘图需要绘制其他细节，如卫生间、盥洗间等。

⑤ 设置文字样式，然后利用"单行文字"或"多行文字"命令注写各房间的名称、门和窗的编号等。

⑥ 设置尺寸标注样式并标注尺寸。标注尺寸时，应先标注距离图样较近的细部尺寸，如标注门窗洞口的定位尺寸；然后再标注定位轴间的尺寸，最后再标注房屋的总长和总宽尺寸。

⑦ 设置多重引线样式并标注定位轴线及编号。定位轴线是建筑物中承重构件的定位线，是施工中定位和放线的重要依据，如基础、墙、柱、梁等都需要确定定位轴线，并按"国标"规定绘制编号。

⑧ 依次标注必要的标高符号，注写图名并检查图形，最后根据需要打印图形（打印图形时，需要先确定好打印比例及图幅，然后将所需图框和标题栏按所需比例放大并插入，最后填写必要的信息即可）。

任务实施——绘制住宅楼底层平面图

下面，我们将通过绘制图 7-1 所示的住宅楼底层平面图，来进一步学习绘制建筑平面图的方法及步骤。

效果：ch07\7-1-r1.dwg
视频：ch07\7-1-r1.exe

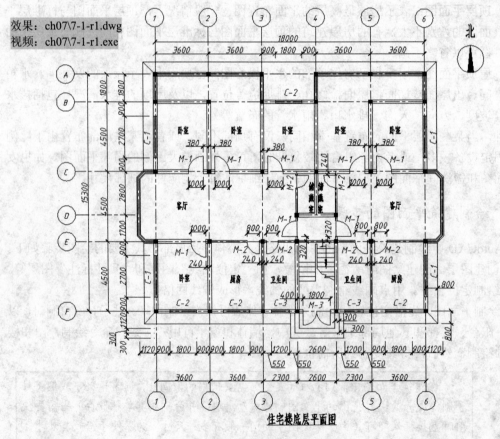

图 7-1 住宅楼底层平面图

制作思路

图 7-1 所示的住宅楼底层平面图的绘图步骤遵循绘制建筑平面图的步骤，在绘图之前需创建 3 种多线样式，分别用于绘制墙体、隔墙和窗户；绘制好图形后，需要创建两种文字样式，分别用于注写汉字和标注数字；标注尺寸时，需要创建多重引线样式，以标注定位轴线及编号。

制作步骤

步骤 1 启动 AutoCAD 2011，关闭状态栏中的 **栅格** 开关，打开 **极轴**、**对象捕捉**、**对象追踪** 和 **DYN** 开关，并将极轴增量角设置为 45，然后根据需要创建以下图层。

名称	颜色	线型	线宽
轴线	红色	Center	默认
柱子	白色	Continuous	默认
墙体	白色	Continuous	0.7
散水	白色	Continuous	默认
门窗	白色	Continuous	默认
台阶	白色	Continuous	默认
阳台	白色	Continuous	默认
楼梯	白色	Continuous	默认
尺寸标注	蓝色	Continuous	默认

> 绘图过程中，有时需要隐藏或锁定某些构配件图形，因此一般情况下，我们需要将相同用途的线条放置在同一个图层中。此外，为了更直观地区分各个图层，我们还可将各个图层设置为不同的颜色。

步骤 2 根据需要创建以下多线样式，并将"外墙 120"多线样式设置为当前样式。

样式名	封口		图元		
	起点	终点	偏移	颜色	线型
墙体 120	直线	直线	60 60	ByLayer	ByLayer
窗子	直线	直线	120 60 −60 −120	ByLayer	ByLayer

步骤 3 将"轴线"图层设置为当前图层，利用"直线"、"偏移"、"复制"和"修剪"命令绘制图 7-2 所示的轴线，最后选择"格式"＞"线型"菜单，将全局比例因子设置为"30"。

步骤 4 将"墙体"图层设置为当前图层，然后执行"多线"命令，根据命令行提示将对齐方式设置为"无",比例设置为"2",然后绘制厚度为 240 的墙体,结果如图 7-3 所示。

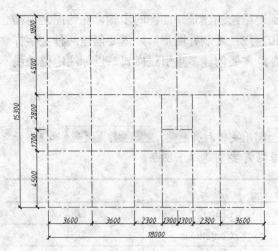

图 7-2　绘制轴线

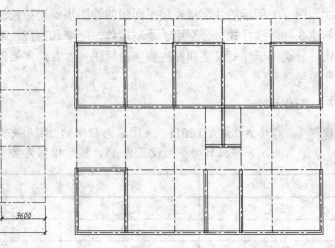

图 7-3　绘制厚度为 240 的墙体

提示

选择"视图" > "缩放" > "缩小"菜单,可将图形完全显示在绘图区。

由于图 7-3 所示的多线较多,为了防止出现漏画和错画等现象,建议读者按照从左到向或从上而下的顺序逐条轴线绘制。

步骤 5　再次执行"多线"命令,采用默认对齐方式,将比例设置为"1",然后绘制厚度为 120 的墙体共 5 条,结果如图 7-4 所示。

步骤 6　选择"格式" > "多线样式"菜单,在打开的对话框中将"窗子"样式设置为当前样式;将"门窗"图层设置为当前图层,利用"多线"命令绘制图 7-5 所示的窗子。

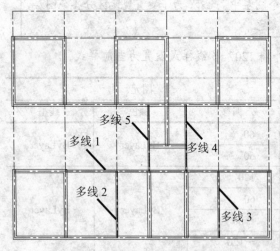
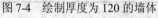

图 7-4　绘制厚度为 120 的墙体

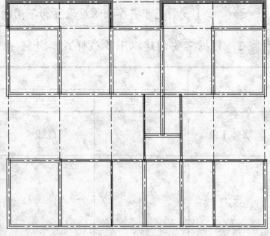

图 7-5　绘制窗子

步骤 7　将"柱子"图层设置为当前图层,使用"矩形"和"图案填充"命令在绘图区合适位置绘制尺寸为 240×240 的矩形并将其填充,填充图案为"SOLID";将该图形创建为块,其基点为该矩形的正中心;使用"复制"命令将其复制到如图 7-6 所示位置。

步骤 8 双击任一条多线，在打开的"多线编辑工具"对话框中单击"T形合并"按钮，将图 7-6 所示的 A、B、C 处的多线进行编辑。

> **提示** 在对多线进行"T形合并"时，一定要先单击要修剪的多线，然后再单击与之相交的多线，否则会出现其他合并效果。

步骤 9 利用直线上的夹点和"偏移"、"复制"、"修剪"等命令绘制图 7-7 所示的门窗洞口处的辅助线。

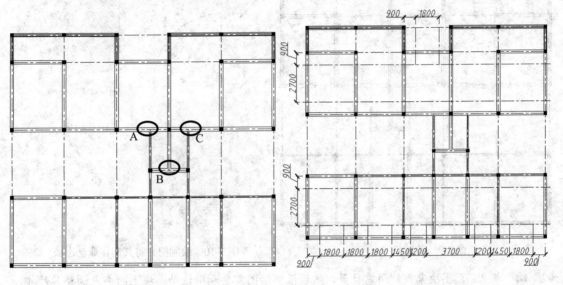

图 7-6 绘制柱子　　　　　　　　　　图 7-7 绘制窗子洞口辅助线

步骤 10 执行"修剪"命令，并将上步绘制的辅助线作为修剪边界，依次修剪得到窗子洞口并删除洞口处的辅助线，结果如图 7-8 左图所示。

步骤 11 将"门窗"图层设置为当前图层，然后在各洞口处绘制窗子，结果如图 7-8 右图所示。

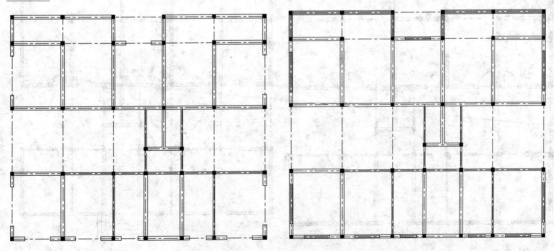

图 7-8 修剪图形并绘制窗子

步骤 12 采用同样的方法，利用"复制"、"镜像"和"修剪"等命令绘制图 7-9 所示的门洞。

步骤 13 利用"直线"和"圆弧"命令绘制图 7-10 左上图所示的图形，然后将该图形创建为块，基点为圆心；双击该块并进行"块编辑器"界面，然后为该块添加图 7-10 右上图所示的参数，并将其夹点个数设置为 1；单击"动作"选项卡中的"缩放"按钮，单击该参数后选择整个图形并按【Enter】键；依次单击"关闭块编辑器"按钮✖和"保存更改（S）"，关闭块编辑界面；选中该图块，结果如图 7-10 右下图所示。

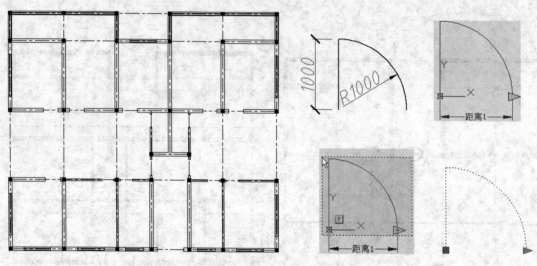

图 7-9　绘制门洞　　　　　　　　　　图 7-10　绘制门并将其制作成动态块

步骤 14 将"门"图块复制到所需位置，然后根据绘图需要利用该动态块上的夹点调整其尺寸，或使用"镜像"、"旋转"或"移动"命令调整该图块的位置，结果如图 7-11 所示。

步骤 15 将"台阶"图层设置为当前图层，利用"多段线"和"偏移"命令绘制台阶，结果如图 7-12 所示，其台阶的尺寸如图 7-13 所示。

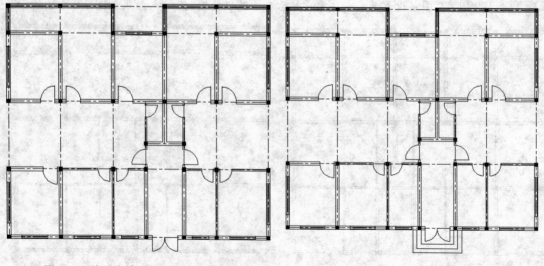

图 7-11　将动态块"门"插入所需位置　　　　　　图 7-12　绘制台阶

步骤 16　将"轴线"图层设置为当前图层，然后绘制图 7-14 所示的阳台轴线。将"阳台"
图层设置为当前图层，利用"多线"命令沿图 7-14 所示的轴线绘制阳台，最后使
用"镜像"命令复制镜像得到另一侧阳台，结果如图 7-15 所示。

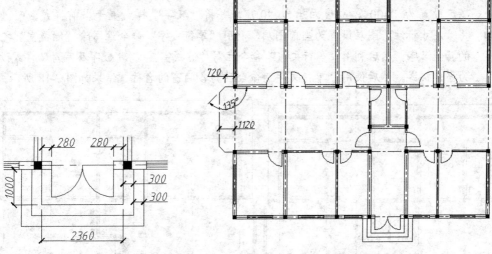

图 7-13　台阶图形及尺寸　　　　　　　　　图 7-14　绘制阳台的轴线

步骤 17　将"楼梯"图层设置为当前图层，按照图 7-16 上图所示的尺寸利用"直线"、"偏
移"、"修剪"、"复制"、"镜像"等命令绘制楼梯，利用"多重引线"命令绘制上下
楼梯的方向。其中，在多重引线样式的"内容"选项卡中，"多重引线类型"列表
框中的设置为"无"，其余选项卡中的设置如图 7-16 下图所示，图形的最终结果如
图 7-17 所示。

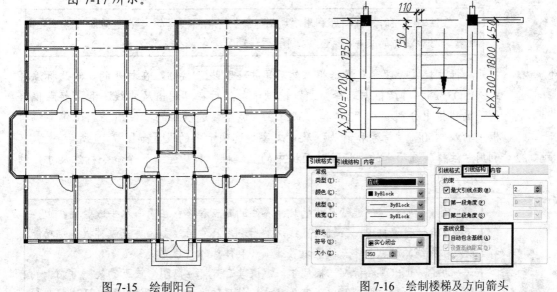

图 7-15　绘制阳台　　　　　　　　　　　　图 7-16　绘制楼梯及方向箭头

步骤 18　将"散水"图层设置为当前图层，然后利用"偏移"、"拉长"、"修剪"和"直线"

命令绘制散水，其散水图线距墙体轴线的距离为 800，结果如图 7-17 所示。

步骤 19 单击"注释"选项卡的"文字"面板右下角的 ▪ 按钮，在打开的"文字样式"对话框中创建"数字及字母"和"汉字"两种文字样式。其中，"数字及字母"样式的字体为"gbeitc.shx"，其余为默认设置；"汉字"样式的字体为"仿宋_GB2312"，高度设置为"400"，宽度因子为"0.7"，并将"汉字"样式置于当前样式。

步骤 20 将"尺寸标注"图层设置为当前图层，利用"单行文字"命令注写除"储藏室"之外的其他汉字，然后利用"多行文字"命令注写"储藏室"；将"数字及字母"样式设置为当前样式，然后使用"单行文字"命令注写各门窗的名称，结果如图 7-18 所示。

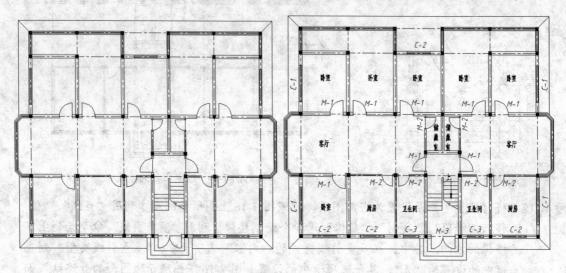

图 7-17　绘制楼梯及散水　　　　　　　　　　　图 7-18　注写文字

在注写文字时，我们可利用"复制"命令将相同内容的文字复制到所需位置。此外，对于注写的文字，还可以利用"移动"命令调整其位置。

步骤 21 打开"标注样式管理器"对话框，然后单击 修改(M)... 按钮，在打开的"修改标注样式：ISO—25"对话框中选择"线"选项卡，然后在"超出尺寸线"和"起点偏移量"编辑框中分别输入"3"和"5"；在"调整"选项卡的"使用全局比例"编辑框中输入"50"；"符号和箭头"及"文字"选项卡中的设置如图 7-19 所示。

步骤 22 利用"注释"选项卡的"标注"面板中的"线性"和"连续"等命令标注尺寸，结果如图 7-20 所示。

为了使所标注的连续尺寸的尺寸界线的起点和终点在同一水平或竖直线上，可先在合适位置画出一条辅助直线，然后利用尺寸标注上的夹点或捕捉追踪功能使尺寸界线的起点和终点位置该直线上（具体操作过程见视频）。

为了防止出现漏标或错标尺寸，建议读者先标注离图形较近的某一方向上的细部尺寸，如标注门窗洞口的定位尺寸，然后依次标注各定位轴间的尺寸，房屋的总长和总宽尺寸，最后再标注各门的宽度尺寸和定位尺寸。

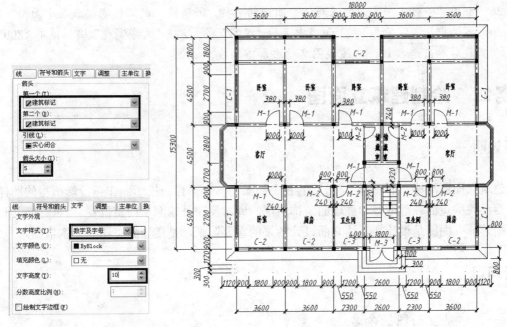

图 7-19 设置 "Standard" 标注样式

图 7-20 标注尺寸

步骤 23 在 "注释" 选项卡的 "引线" 面板中单击 ⊞ 按钮，在打开的 "多重引线样式管理器" 对话框中新建 "轴线及编号" 多重引线样式，其设置如图 7-21 所示。

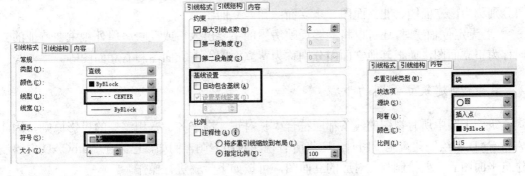

图 7-21 "轴线及编号" 多重引线样式

步骤 24 在 "注释" 选项卡的 "引线" 面板中单击 "多重引线" 按钮 /○，参照如图 7-1 所示标注各定位轴线。

步骤 25 在 "插入" 选项卡的 "块" 面板中单击 "插入" 按钮 ，然后将本书配套光盘中的 "素材" > "ch07" > "建筑常用图块" > "指北针" 图块插入该图形中，结果如图 7-1 所示。

为了便于读者绘制该案例，因此本书的 "素材" > "ch07" > "建筑常用图块" 文件夹中存储了建筑图中经常需要使用的门、柱子、标高符号及指北针等图块，需要使用时读者可直接调用。

步骤 26 利用"多行文字"命令注写该平面图的名称,并将输入的"住宅楼底层平面图"内容选中,然后在"样式"面板中选择"汉字"样式,在"文字高度"编辑框中"800",最后单击 Ⓤ 按钮,为该视图名称添加下划线。

任务二　绘制建筑立面图

任务说明

建筑立面图简称立面图,是将房屋的各个侧面向与之平行的投影面作正投影所得的图样,它主要反映房屋的外部造型和外墙面装饰情况,同时反映外墙面上门窗位置、入口处和阳台的造型等。立面图是设计师表达立面设计效果的重要图纸,是指导施工图的基本依据。

预备知识

一、建筑立面图的命名

建筑立面图通常有以下 3 种命名方式。

① 当要绘制的立面图有定位轴线时,应按两端定位轴线的编号来命名,如①～⑥立面图。

② 若无定位轴线时,可以应按照房屋的朝向命名,即按照房屋的朝向可把房屋的各个立面图分别称为南立面图、北立面图、东立面图和西立面图。

③ 若无定位轴线时,还可以将能够反映房屋的主要出入口或反映房屋外貌主要特征的立面图称为正立面图,而把其他立面图分别称为背立面图、左立面图和右立面图等。

二、绘制建筑立面图的步骤

建筑施工图中所有视图的线条都应符合"长对正、高平齐、宽相等"的投影原则,因此在 AutoCAD 中绘制建筑施工图时,应将所有视图对照着画。例如,已经在 AutoCAD 中绘制好建筑平面图后,要绘制与之对应的立面图,可按如下步骤进行操作。

① 将建筑平面图插入到当前图形中,或者打开已经绘制好的平面图,将该平面图形作为绘制立面图形的辅助图形。

② 根据绘图要求,创建需要的图层,如"地平线"和"轮廓线"图层等。

③ 利用"长对正、高平齐、宽相等"的投影原则,从平面图中引出建筑物轮廓的竖直投影线,然后依次绘制地平线、屋顶线和墙体线等,这些线构成了立面图的主要布局线。

④ 从平面图中各门窗的洞口线处引出竖直投影线,然后绘制水平辅助线以确定门窗位置,最后绘制门窗立面图,或将已经绘制好的门窗立面图图块插入到所需位置。

⑤ 从平面图中引出阳台、台阶和楼梯等辅助线,然后在立面图中绘制与之对应的各部分,最后绘制雨篷、雨水管,以及屋顶上可见的排烟口、水箱间等细节。

⑥ 借助作为参照的平面图形中的文字样式和标注样式为立面图标注尺寸,然后注写标高

符号及图名，标注定位轴线和编号，最后检查图形及尺寸，确认无误后根据需要打印图形。

> 立面图上一般只须标注房屋外墙各主要结构的相对标高和必要尺寸，如室外地平面、台阶、窗台、门窗洞口、雨篷屋顶等完成面的标高。对于外墙上预留的洞口，除了要标注标高外，还需标注其定形和定位尺寸。

任务实施——绘制住宅楼立面图

下面，我们将通过参照图 7-1 所示的住宅楼底层平面图绘制图 7-22 所示的立面图，来进一步学习绘制建筑立面图的相关知识。

效果：ch07\7-2-r1.dwg
视频：ch07\7-2-r1.exe

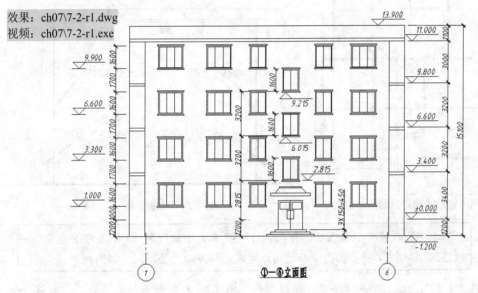

图 7-22 绘制住宅楼立面图

制作思路

打开已经绘制好的该住宅楼底层平面图，然后关闭或冻结其中不需要参照的图层，如"尺寸标注"和"轴线"等图层，接着创建所需图层，并利用"直线"、"构造线"等命令参照平面图绘制立面图的主要轮廓及门窗的位置，最后绘制门窗的立面图。

制作步骤

步骤 1 打开本书配套光盘中的"素材" > "ch07" > "7-2-r1.dwg"文件，然后将"尺寸标注"和"轴线"图层冻结，接着创建"地平线"图层，其线宽为"1"；创建"轮廓线"图层，线宽为"0.35"，并将"地平线"图层设置为当前图层。

步骤 2 利用"直线"命令绘制室外地平线，如图 7-23 中的直线 AB；在"常用"选项卡的"绘图"面板中单击"构造线"按钮，输入"v"并按【Enter】键，然后在平面图中捕捉并单击阳台最外轮廓线上的任意一点，以及左右两侧竖直方向上最外侧墙上的任意点，结果如图 7-23 所示。

步骤3 将图 7-23 所示的直线 AB 向上偏移 15100，以绘制立面图最高处的轮廓线，然后依次绘制屋顶线，最后使用"修剪"命令修剪多余线条，并将所绘制的图线置于与之对应的图层，结果如图 7-24 所示。

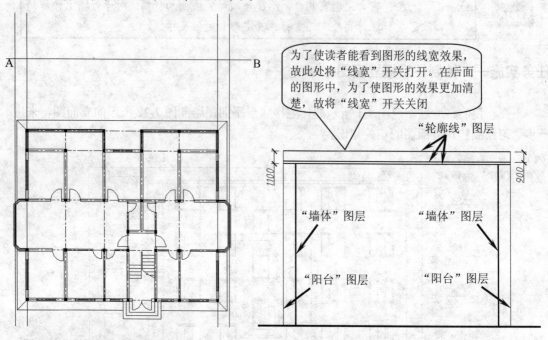

图 7-23　利用辅助线确定立面图的位置　　　图 7-24　绘制立面图的外轮廓

 　要将图线置于所需图层，除了在"图层"列表中进行操作外，还可以利用"特性匹配"命令 将平面图中与该图线对应的构件的图层匹配给该图线。

步骤4 利用"复制"、"偏移"和"修剪"等命令绘制图 7-25 左图所示的轮廓线，然后将"台阶"图层设置为当前图层，利用"构造线"、"偏移"和"修剪"命令参照平面图绘制台阶图形。

步骤5 将"门窗"图层设置为当前图层，然后使用"矩形"和"直线"命令绘制图 7-25 右图所示的大门。

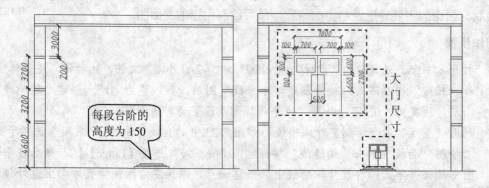

图 7-25　绘制墙体线、台阶及大门

步骤6 利用"构造线"命令从平面图的窗户处引出窗子洞口的竖直投影线，接着参照图 7-26 左图所示的尺寸将地平线偏移，以确定窗子的位置；参照图 7-26 右图所示尺寸绘制窗户。

步骤7 利用"复制"命令将所绘制的窗户复制到所需位置，窗子的复制基点为图中所示端点 A、B，然后删除图 7-26 所绘制的窗户及辅助投影线，结果如图 7-27 左图所示。

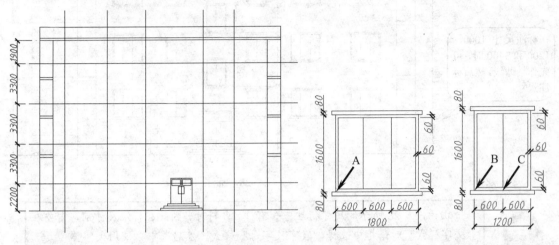

图 7-26　绘制窗户

　　在立面图中，门、窗、阳台等仅表示其所在位置，其形状和尺寸在施工时不作为参考。本例中，为了便于读者绘图，故将绘图过程中所需要的所有参数在图中标出。

步骤8 过立面图中门的正中间作竖直辅助线，然后参照图 7-27 右图所示尺寸绘制水平辅助线；将图 7-26 右图所示窗子复制到所需位置，其复制基点为图 7-26 右图所示直线 C 的中点，最后删除辅助线。

图 7-27　将窗户复制到所需位置

步骤9 解冻"尺寸标注"图层，然后将该图层设置为当前图层。利用"移动"命令调整两视图间的距离，然后利用"标注"面板中的相关命令标注尺寸，结果如图 7-28 所示。

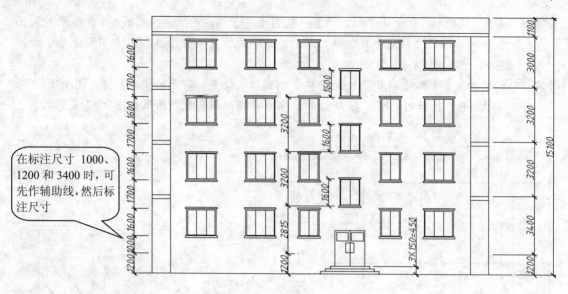

图 7-28 标注尺寸

由于图 7-28 所示的尺寸标注中含有"×"符号，因此在标注尺寸前，需要在"文字样式"对话框中选择"数字及字母"样式，然后选中"使用大字体"复选框，然后在"大字体"列表框中选择"gbcbig.shx"。

步骤 10　在"插入"选项卡的"块"面板中单击"插入"按钮 🔲，然后参照图 7-22 所示的标高符号及参数，将本书配套光盘中的"素材" > "ch07" > "建筑常用图块" > "标高符号"图块插入该图形中；双击已经插入的图块，然后将其字体设置为"数字及字母"，高度设置为"500"。

步骤 11　利用"复制"、"镜像"和"移动"等命令将所插入的标高符号复制到所需位置，然后双击标高符号，在弹出的"增强属性编辑器"对话框中修改其标高值。

步骤 12　利用"复制"命令将平面图中的"①"和"⑥"轴线及编号复制到与之对应位置，然后利用"多行文字"命令注写该立面图的名称，最后为输入的内容添加下划线。

由于雨篷在立面图中不能反映其主要尺寸及形状，因此我们可在绘制好剖面图后再来绘制其立面图，具体操作参见任务三中的任务实施。

任务三　绘制建筑剖面图

任务说明

　　建筑物由复杂的内部结构组成，仅通过平面图和立面图，并不能完全表达建筑物的内部构造。为了能够正确表达建筑的内部结构，可以假想用一个或多个竖直剖切平面，将房屋沿外墙方向垂直剖开，移去剖切平面与观察者之间的部分，并将剩余的部分作正投影图，此时得到的图样称为建筑剖面图。

预备知识

一、建筑剖面图概述

建筑剖面图主要表示房屋内部在高度方向的结构形式、楼层分层、垂直方向的高度及各部分间的位置联系，如房间和门窗的高度、屋顶形式、楼板的搁置方式等。建筑剖面图是与平面图、立面图相配合的不可缺少的三个基本图样之一。

画建筑剖面图时，剖面图的数量应根据房屋的复杂程度和施工中的实际需要而定。剖面图的剖切位置应选择在室内结构较复杂的部位，并应通过门、窗洞口及主要出入口、楼梯间或高度有特殊变化的部位。通常选用全剖面图，必要时也可选用阶梯剖面图。

二、绘制建筑剖面图的步骤

在 AutoCAD 中绘制建筑剖面图时，可将平面图和立面图作为辅助图形。绘制剖面图的主要步骤如下。

① 将建筑平面图和立面图插入当前视图中，或直接打开已经包含平面图和立面图的图样。

② 确定剖切位置，然后在平面图中绘制剖切符号并注写剖切位置编号。

③ 根据剖切位置创建绘制剖面图时所需的图层，如"楼板"图层和"栏杆和扶手"图层等。

④ 参照平面图和立面图绘制必要的辅助线及 45°斜线，确定剖面图的位置。

⑤ 利用"构造线"命令并结合投影关系逐个轴线确定剖面图中被剖到墙体上的门、窗洞口位置，并依次绘制门、窗和墙体等。

⑥ 依次绘制楼板、楼梯、阳台、雨篷、台阶等细部，以及能够看得到的门窗等构件。

⑦ 标注尺寸、注写标高、标注定位轴线及编号、注写图名并全面检查所有图样，最后根据需要打印输出图形即可。

任务实施——绘制住宅楼剖面图

下面，我们将通过绘制图 7-29 所示的住宅楼剖面图，来进一步学习绘制建筑剖面图的相关知识。

制作思路

要绘制图 7-29 所示的住宅楼剖面图，可在平面图和立面图的基础上确定剖面图的位置，然后利用辅助线确定剖面图中各墙体的主要轴线及门窗洞口位置，接着依次绘制墙体、门、窗、楼板，最后绘制楼梯、雨篷台阶等细部结构并标注尺寸。

素材：ch07\7-3-r1.dwg
视频：ch07\7-3-r1.exe

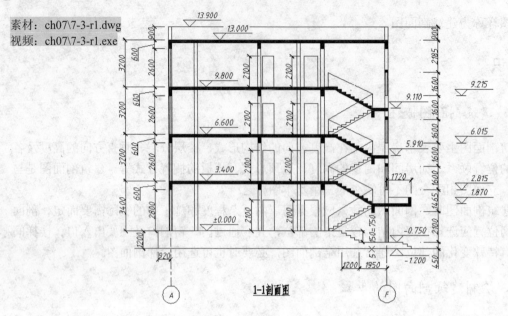

1-1剖面图

图 7-29　绘制住宅楼剖面图

制作步骤

步骤 1 打开本书配套光盘中的"素材" > "ch07" > "7-3-r1.dwg"文件，冻结"尺寸标注"图层，然后创建以下图层，并将"剖切位置"图层设置为当前图层。

名称	颜色	线型	线宽
楼板	白色	Continuous	默认
剖切位置	蓝色	Continuous	0.35
梁	白色	Continuous	默认
雨篷	白色	Continuous	默认
辅助线	洋红色	Continuous	默认

步骤 2 参照图 7-30 中的剖切符号，使用"多段线"命令绘制剖切位置线及方向线，然后将"数字及字母"文字样式置于当前样式，使用"单行文字"命令在剖切位置处注写剖切编号。

步骤 3 将"辅助线"图层设置为当前图层，分别过平面图的轴线Ⓐ和立面图的地平线绘制水平辅助线，然后绘制图 7-30 所示的竖直直线及 45°斜线；利用"构造线"命令过平面图中Ⓕ轴线绘制剖面图中的竖直墙体轴线，然后过立面图中的大门、台阶、窗子和最高处轮廓线作辅助线，结果如图 7-30 所示。

　　在绘制剖面图时，为了避免出现投影方向或门窗等位置错误等问题，在绘图过程中，应按照一定顺序逐个轴线绘制该轴线上被剖切到的门、窗及墙体等，切记不要想到哪画到哪。

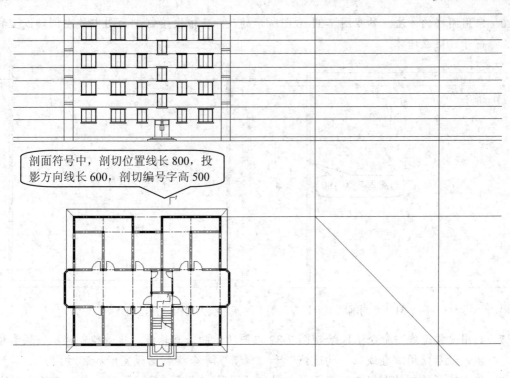

剖面符号中，剖切位置线长 800，投影方向线长 600，剖切编号字高 500

图 7-30　确定剖面图中最左和最右轴线，以及地平线和门窗等的位置

步骤 4 选择"格式" > "多线样式"菜单，然后在打开的"多线样式"对话框中创建以下多线样式，最后将"窗子"样式设置为当前样式。

样式名	封口		填充颜色	图元		
	起点	终点		偏移	颜色	线型
楼板 200	直线	直线	ByLayer	100 −100	ByLayer	ByLayer
梁及柱子	直线	直线	ByLayer	120 −120	ByLayer	ByLayer

步骤 5 将"门窗"图层设置为当前图层，将"窗子"多线样式设置为当前样式，然后利用"多线"命令绘制轴线Ⓕ上剖切到的门窗；分别将"梁及柱子"和"内墙 120"多线样式设置为当前样式，依次绘制该轴线上的过梁和墙体，并将所绘多线置于与之相对应的图层中；最后修剪并删除多余辅助线，结果如图 7-31 左图所示。

小技巧

　　在使用"多线"命令绘制门、窗、墙体及门窗上方的过梁时，需要分别在与之对应的多线样式中进行切换。为了方便绘图，我们还可以在绘制好某个门、窗、墙体及过梁后，利用"复制"命令将所需多线复制到所需位置，然后再利用该多线上的夹点调整其尺寸，以得到其他门、窗、墙体及过梁等。

步骤 6 采用同样的方法，参照图 7-31 右图所示的尺寸，依次绘制剖面图中最左侧轴线上的窗子、梁及墙体。

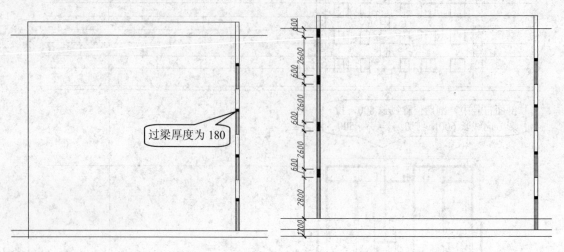

过梁厚度为 180

图 7-31　绘制剖面图中最左、最右两条轴线上的门、窗、墙体等

步骤 7 利用"构造线"命令依次绘制图 7-32 左图所示的竖直轴线，接着绘制楼板、梁和墙体，最后使用"直线"、"构造线"和"修剪"命令绘制储藏室门和客厅门。

步骤 8 将上步所绘制的图形分别置于与之对应的图层，然后使用"复制"命令将所绘制的楼板及各轴线上的梁和墙体等进行复制，并利用夹点调整图形的尺寸；再次使用"复制"命令将两个门复制到二楼；接着使用"复制"命令将二楼的楼板、梁、墙体及门等进行复制，结果如图 7-32 右图所示。

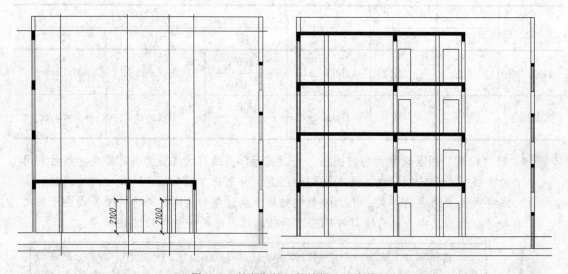

图 7-32　绘制各楼层的楼板和门窗等

绘图过程中，为了便于选择所需要的对象，我们可根据需要随时关闭不需要的图层，如在复制图形时关闭"辅助线"图层。

步骤9 利用多线上的夹点调整顶层楼板的长度，然后绘制顶层楼板最右侧的梁；利用"构造线"命令分别过平面图和立面图上台阶的轮廓绘制辅助线，然后再利用"修剪"命令修改图形，以得到剖面图中的台阶；利用"直线"和"修剪"命令绘制左侧轮廓线，最后将所绘制的线条分别置于与之对应的图层，结果如图7-33所示。

步骤10 将"楼梯"图层设置为当前图层，然后在绘图区的空白位置绘制图7-34左上图所示的楼梯，接着使用"镜像"命令将左侧图形进行镜像，然后删除其中的一个台阶，并使用"图案填充"命令及图形上的夹点绘制右上图所示的楼梯剖面图。采用同样的方法，依次绘制图7-34所示的其余图形。

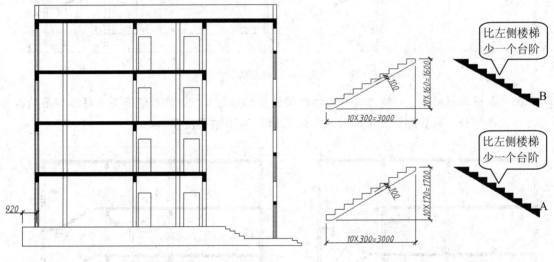

图7-33 调整楼板的长度并绘制台阶和一楼楼梯　　　　图7-34 绘制楼梯

步骤11 过平面图中右侧楼梯第一个台阶的轮廓线(右侧楼梯最后一条直线)作水平辅助线，然后过该辅助线与45°斜线的交点绘制竖直构造线，以确定楼梯的起点位置，将图7-34左下图所示的楼梯进行复制。

步骤12 继续执行"复制"命令，选择图7-34右下图所示的楼梯，然后捕捉图中所示端点A并向下移动光标，待出现竖直追踪线时输入值"340"并按【Enter】键，接着单击上步复制所得到的楼梯的右上角端点，结果如图7-35左图所示。

步骤13 利用夹点调整一楼楼板的长度，然后利用"多线"和"复制"等命令绘制图7-35右图所示的楼梯平台板和平台梁。

步骤14 参照图7-36左图所示的尺寸复制上步所绘制的楼梯平台板和平台梁；执行"复制"命令，选取图7-34左上图所示的楼梯按【Enter】键，然后单击其左下角端点，接着捕捉楼板与辅助线的交点并单击。

步骤15 重复执行"复制"命令，选择图7-34右上图所示的楼梯为复制对象，然后捕捉图中所示的端点B并单击，移动光标，捕捉图7-36左图所示的平台板1的左上角端点并向下移动光标，然后输入"160"并按【Enter】键，再次按【Enter】键结束命令，结果如图7-36所示。

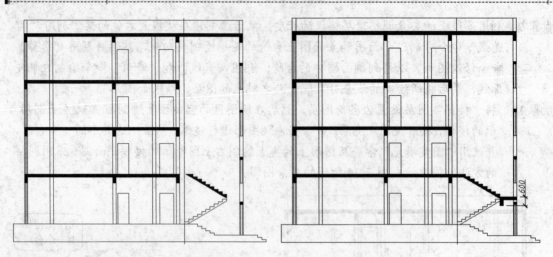

图 7-35　将楼梯复制到所需位置并绘制平台板和平台梁

步骤 16 采用同样的方法，将二楼与三楼之间的楼梯进行复制，最后使用夹点将各楼层的楼板加长，最后删除多余辅助线，结果如图 7-36 右图所示。

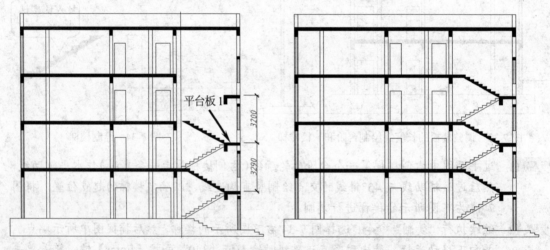

平台板 1

图 7-36　将楼梯复制到所需位置并使用夹点调整楼板长度

步骤 17 利用"直线"命令绘制楼梯栏杆及扶手，其栏杆距楼梯台阶的距离为 50，栏杆高度为 1000，如图 7-37 所示。

步骤 18 将"雨篷"图层设置为当前图层，利用"多线"和"直线"命令绘制剖面图中的雨篷；过剖面图中雨篷的上下轮廓线作水平辅助线，然后绘制立面图中的雨篷，结果如图 7-38 所示。

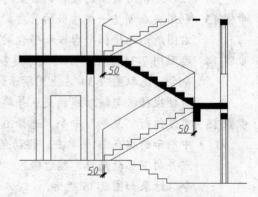

图 7-37　绘制楼梯的栏杆及扶手

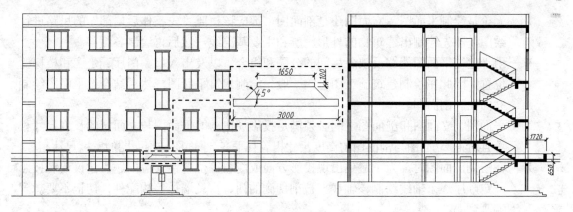

图 7-38　绘制雨篷

步骤 19 至此，剖面图已经绘制完毕，检查图形并删除其余不需要的辅助线，最后关闭不再需要的"辅助线"图层。

步骤 20 解冻"尺寸标注"图层，并将其设置为当前图层，然后利用"标注"面板中的标注尺寸的相关命令标注图形尺寸，结果如图 7-39 所示。

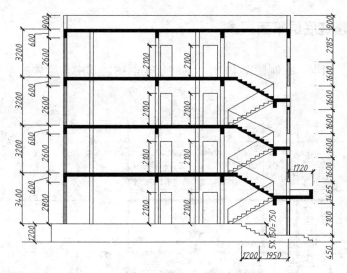

图 7-39　标注尺寸

步骤 21 参照图 7-29 所示的图形，利用"插入"或"复制"命令为剖面图添加标高符号；利用"多重引线"命令标注轴线及编号；利用"多行文字"命令注写剖面图名称，或使用"复制"命令复制任意图形的名称，然后双击修改其内容即可。

项目总结

　　本项目主要讲解在 AutoCAD 中绘制建筑平面图、立面图和剖面图的绘图步骤，并在任务实施中讲解了某住宅楼的底层平面图、立面图和剖面图的具体绘图步骤。通过学习本项目，读者还应重点掌握以下内容。

> 无论是绘制平面图、立面图还是剖面图，都应该按照"先整体后局部"的思路进行绘图，即先绘制出建筑物的外形轮廓和主要基准线，然后再绘制各细部。

> 由于建筑平面图能够反映各房间的分隔和组合，以及出入口、门厅、走廊和楼梯的位置，因此在绘制建筑施工图时，一般先绘制建筑平面图，然后结合该平面图绘制立面图和剖面图。

> 平面图、立面图和剖面图之间必须满足投影规律，即平面图与立面图的长度尺寸相等且对正，立面图与剖面图的高度尺寸相等且平齐，平面图与剖面图的宽度尺寸相等。

> 在绘制剖面图时，为了避免出现投影方向或门窗等位置错误等问题，建议读者按照一定顺序逐个轴线绘制该轴线上被剖切到的门、窗及墙体等构配件，切记不要想到哪画到哪。

> 一张完整的平面图中有多种尺寸的门，为了快速绘制各种尺寸的门，应将其制作成动态块。此外，还应将标高符号制作成带属性的块，以便快速更改标高数值。

项目实训

一、绘制某五层建筑底层平面图

利用本项目所学知识，绘制图 7-40 所示的底层平面图。其中，墙体的厚度为 240，电梯的尺寸如图 7-41 所示。

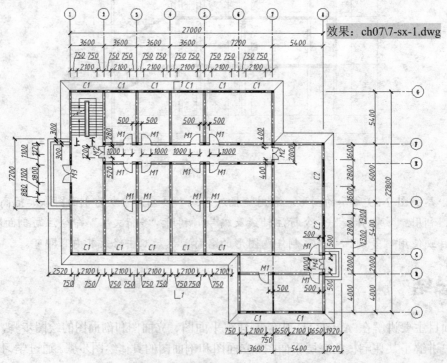

图 7-40 绘制某五层建筑底层平面图

提示：

（1）参照图 7-42 所示的尺寸先绘制各定位轴线，然后依次绘制墙体、柱子、门窗洞口、门窗，最后再绘制台阶、散水。其中，门和柱子可直接使用本书配套光盘中的"素材">"ch07">"建筑常用图块"文件夹中的图块。

（2）设置文字样式及尺寸标注样式，然后标注门窗编号及尺寸，最后再标注轴线及编号。其中，尺寸标注样式中，尺寸起止符号的大小为 3.5，数字的高度为 7，全局比例因子为 100。

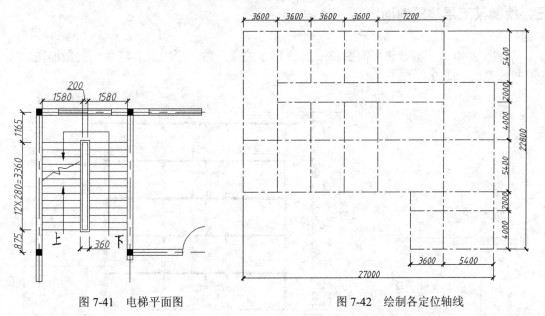

图 7-41 电梯平面图　　　　　　　　　图 7-42 绘制各定位轴线

二、绘制某五层建筑立面图

结合图 7-40 所示的底层平面图，绘制图 7-43 所示的五层建筑立面图。

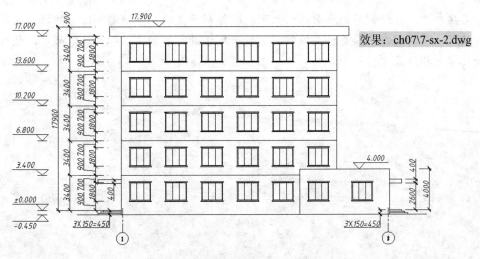

效果：ch07\7-sx-2.dwg

图 7-43 绘制某五层建筑立面图

提示:

直接打开图 7-40 所示绘制的图形,在此基础上创建所需图层,然后利用"构造线"命令绘制出该立面图的外轮廓,接着结合平面图及立面图中的尺寸确定窗子的位置,最后依次绘制图 7-44 所示的窗子并将其移动至所需位置,绘制台阶及雨篷,标注尺寸、标高符号及定位轴线及编号。

三、绘制某五层建筑剖面图

结合图 7-40 所示的建筑平面图和图 7-43 所示的立面图,绘制图 7-45 所示的剖面图,其中楼板的厚度为 180。

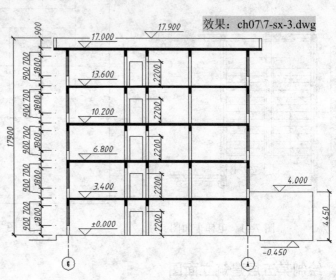

效果:ch07\7-sx-3.dwg

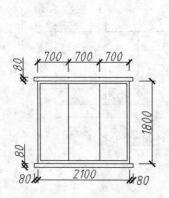

图 7-44 门的详细尺寸　　　　　　图 7-45 绘制某五层建筑剖面图

提示:

直接打开已经绘制好的平面图和立面图,并利用投影关系确定剖面图的轴线及外轮廓,然后绘制一层的门窗,接着将其按照图中所示尺寸进行复制,以得到其他楼层,最后绘制楼顶女儿墙并标注尺寸。

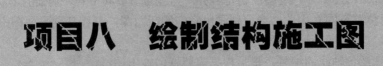

项目八 绘制结构施工图

项目导读

结构施工图主要用于表达房屋结构系统的结构类型，结构布置，构件种类、数量，构件的内部构造和外部形状大小，以及构件间的连接构造等，它是进行构件制作、结构安装、编制预算及安排施工进度的重要依据。

学习目标

- ✍ 了解基础平面图中墙线、地沟和孔洞等线条的表达方法，并能够根据绘制基础平面图的步骤绘制基础平面图。
- ✍ 了解绘制楼层结构平面图的相关规定，并能够根据绘制楼层结构平面图的步骤绘制楼层结构平面图。
- ✍ 了解钢筋混凝土构件的平面表示法，掌握绘制钢筋混凝土构件详图的步骤，并能够合理地绘制梁平面配筋图和柱平面配筋图。

任务一 绘制基础平面图

任务说明

基础平面图是假设用一个水平剖切平面，沿着房屋的室内地面与基础之间切开，然后移去房屋地面以上的部分并向下作投影，由此所得到的水平剖面图。基础平面图主要表示基础的平面位置，基础与墙、柱的定位轴线关系，基础底部的宽度，基础上预留的孔洞、构件和管道的位置等。

预备知识——绘制基础平面图的步骤

在 AutoCAD 中绘制基础平面图的步骤如下。

① 创建图层。根据绘图要求创建所需图层，如"轴线"、"墙线"和"基础边线"等图层。

② 根据需要绘制图形。即先绘制轴线，然后依次绘制轴线两侧的基础墙线和最外侧基础

边线。

③ 根据基础图形的特点，绘制剖切符号并注写编号。不同位置，基础的形状、尺寸、埋深及轴线的相对位置不同，因此需要分别画出它们的断面图，并在基础平面图中的相应位置处画出剖切符号，且注明剖切编号。

④ 标注尺寸及各轴线的编号，最后根据需要打印输出图纸。

任务实施——绘制基础平面图

下面，我们将通过绘制图 8-1 所示的基础平面图，来学习使用 AutoCAD 绘制基础平面图的具体步骤及相关知识（本任务中所有相同编号处的条形基础的尺寸相同）。

效果：ch08\8-1-r1.dwg
视频：ch08\8-1-r1.exe

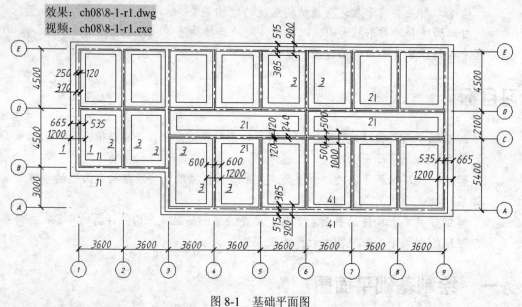

图 8-1　基础平面图

制作思路

先绘制该基础平面图中的所有定位轴线，然后使用"多线"命令在轴线的两侧绘制基础墙线，最后分别绘制外侧基础线和内侧基础线。

制作步骤

步骤 1　打开 AutoCAD 2011，然后创建以下图层，并将"轴线"图层设置为当前图层。

名称	颜色	线型	线宽
轴线	红色	Center	默认
基础边线	白色	Continuous	默认
墙线	白色	Continuous	0.7
剖切位置	白色	Continuous	0.35
尺寸标注	蓝色	Continuous	默认

步骤 2　利用 "直线"、"偏移"、"复制" 和 "修剪" 等命令绘制图 8-2 所示的轴线。

步骤 3　分别创建 "墙体 370" 和 "墙体 240" 两种多线样式，并将 "墙体 370" 样式设置为当前样式；将 "墙线" 图层设置为当前图层，然后执行 "多线" 命令，将对正样式设置为 "无"，比例设置为 "1"，然后绘制图 8-3 所示的多线。

样式名	封口		图元		
	起点	终点	偏移	颜色	线型
墙体 370	直线	直线	250	ByLayer	ByLayer
			-120		
墙体 240	直线	直线	120	ByLayer	ByLayer
			-120		

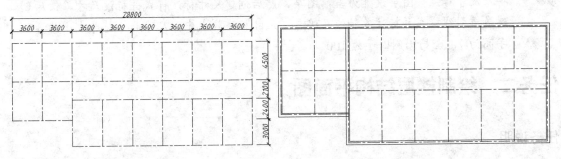

图 8-2　绘制定位轴线　　　　　　　　图 8-3　绘制厚度为 370 的墙体

步骤 4　将 "墙体 240" 多线样式设置为当前样式，然后绘制其余厚度为 240 的墙体；双击任一多线，在打开的 "多线编辑工具" 对话框中选择 "十字合并" 按钮 ⊞，然后分别对图 8-4 左图所示的 A 点处进行编辑，对其余各接口处进行 "T 形合并" 编辑，结果如图 8-4 右图所示。

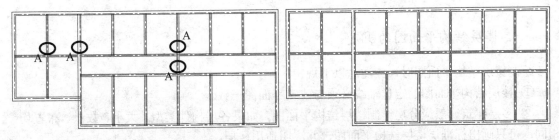

图 8-4　对多线的接口处进行编辑

步骤 5　参照图 8-1 中最外侧基础边线的尺寸，依次使用 "偏移"、"拉长"、"修剪" 等命令绘制最外侧基础边线，最后将其置于 "基础边线" 图层，如图 8-5 所示。

步骤 6　将 "基础边线" 图层设置为当前图层，然后参照图 8-1 所示的内侧基础边线的尺寸，使用 "构造线"、"修剪" 和 "复制" 等命令依次绘制内侧基础线。

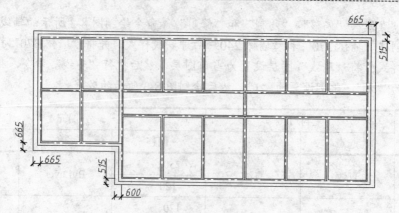

图 8-5　绘制基础轮廓

步骤 7　将"尺寸标注"图层设置为当前图层，然后创建尺寸标注样式并标注尺寸，最后创建多重引线样式并标注各轴线及编号。尺寸标注样式中，尺寸起止符号大小为 3.5，字高为 7，全局比例因子为 100。

任务二　绘制楼层结构平面图

任务说明

楼层结构平面图是假想沿楼板面将房屋水平剖开后所作的楼层水平投影，用来表示楼板以下及其下面的梁、板、柱和墙等承重构件的平面布置及它们之间的构造关系，还可以表示现浇楼板的构造及配筋情况，是现场安装或制作构件的施工依据。

预备知识

一、楼层结构平面图的规定

绘制楼层结构平面图时，应注意以下规定：

① 楼层结构平面图的定位轴线必须与建筑平面图一致。

② 多层建筑一般应分层绘制楼层结构平面图，如果各层构件类型、大小、数量、布置均相同，可只画出标准层楼层结构平面图，并注明适用楼层。

③ 楼梯间的结构布置一般在楼梯详图中表示，楼层结构平面图中仅用双对角线表示。

④ 凡墙、板、圈梁构造不同时，均应标注不同的剖切符号和编号，依编号查阅节点详图。

⑤ 习惯上把楼板下的墙体和门洞位置线等不可见线画成细实线。

二、绘制楼层结构平面图的步骤

绘制楼层结构平面图的主要步骤如下。

① 根据绘图要求，先绘制水平剖切后的楼层水平投影图，并标注尺寸和各轴线的编号。

② 利用"多段线"或"直线"和"圆弧"命令在绘图区合适位置分别绘制几种形状不同的钢筋，并分别为其注写编号、直径和中心间距等参数。

③ 利用"复制"、"移动"和"旋转"等命令将所绘制的钢筋复制到所需位置，然后利用"拉伸"命令修改其长度尺寸，最后修改其编号、直径和中心间距等参数。

④ 检查钢筋的位置及其编号，确认无误后根据需要打印输出图纸。

任务实施——绘制办公楼某层结构平面图（局部）

下面，我们将通过绘制图 8-6 左图所示办公室的某层局部结构平面图，来学习在 AutoCAD 中绘制楼层结构平面图的步骤及相关知识。

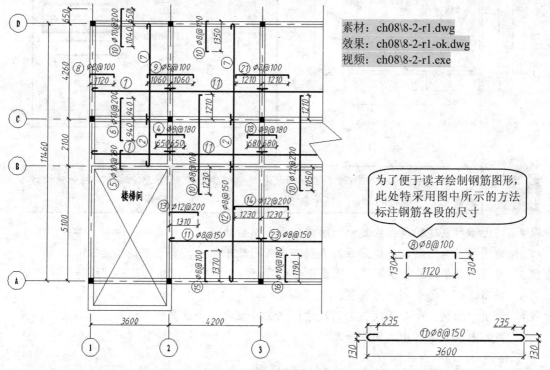

素材：ch08\8-2-r1.dwg
效果：ch08\8-2-r1-ok.dwg
视频：ch08\8-2-r1.exe

为了便于读者绘制钢筋图形，此处特采用图中所示的方法标注钢筋各段的尺寸

图 8-6　办公楼某层结构平面图

制作思路

观察图 8-6 左图可知，其钢筋的形状主要有图 8-6 右图所示的两种。为了能够快速绘制各钢筋，我们可先在绘图区的任意位置使用"多段线"命令绘制右图所示的两种钢筋，然后为其注写编号、直径和中心间距等参数，接着将钢筋及其编号等复制到所需位置，并利用"拉伸"、"旋转"、"移动"等命令修改其尺寸，最后修改其编号和直径等其他参数。

制作步骤

步骤 1 打开本书配套光盘中的"素材"＞"ch08"＞"8-2-r1.dwg"文件，如图 8-7 所示，然后创建"钢筋"图层，其线宽为"0.7"，并将该图层设置为当前图层。

步骤 2 利用"多段线"命令在绘图区的空白位置分别绘制图 8-6 右图所示的两种钢筋。

步骤 3 为了方便地注写钢筋的编号，因此我们可将其制作成带属性的块。即将"尺寸标注"图层设置为当前图层，然后按图 8-8 所示对话框中的设置注写属性文字，接着以该文字的中间位置为圆心，绘制半径为 250 的圆，最后将该图形制作为属性块。

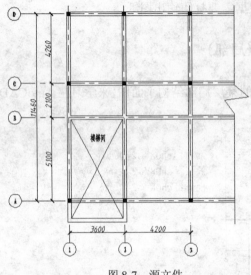

图 8-7　源文件　　　　　　　　　　　　图 8-8　设置属性文字

在绘制结构平面图时，不同形状和规格的钢筋都必须进行编号，因此建议读者将上步所创建的"钢筋编号"属性块进行保存，以备后用。

步骤 4 将上步所创建的属性块复制到所需位置，然后执行"单行文字"命令，参照图 8-6 右图所示为所绘制的钢筋注写直径和中心间距等参数，其文字高度为 350。

步骤 5 参照图 8-6 左图中各钢筋的位置及参数，利用"复制"、"移动"和"旋转"等命令将所需钢筋复制到所需位置。

步骤 6 利用"拉伸"命令修改钢筋的尺寸；双击属性块，修改其编号；双击单行文字，修改钢筋的直径和中心间距等参数。

任务三　绘制钢筋混凝土构件详图

任务说明

　　钢筋混凝土构件详图一般包括模板图、配筋图、预埋件详图及钢筋表（或材料用量表），主要用于表达构件内部的钢筋配置、数量、形状和规格等，是钢筋下料、翻样、制作、绑扎、现场制模和设置预埋等的依据。其中，模板图是为浇注梁的混凝土所绘制的，配筋图主要表示构件的配筋情况。

预备知识——绘制钢筋混凝土构件详图的步骤

为了清楚地表示出钢筋的形状和位置，假设混凝土材料是透明的，构件轮廓线用细实线绘制，钢筋用粗实线绘制。绘制钢筋混凝土构件详图时，一般先画出构件的外形轮廓，然后绘制构件内的钢筋。下面，我们以绘制钢筋混凝土梁的结构详图为例，来说明绘制此类图形的具体步骤。

① 根据绘图需要创建图层，如"钢筋"、"梁"和"轴线"图层等。

② 按照 1:1 的比例绘制构件详图。一般先画出构件以外的其他重要轮廓线，如用于支承梁的两端墙线，然后再绘制构件的外形轮廓。

③ 在绘图区的合适位置用"多段线"或"直线"等命令绘制钢筋，然后利用"复制"、"旋转"和"移动"等命令将钢筋复制到合适位置。

④ 利用"圆环"命令绘制断面图中钢筋断面的圆点。

⑤ 注写钢筋的编号、直径尺寸以及断面图的名称等，检查图形，并根据需要打印图纸。

任务实施——绘制钢筋混凝土梁的结构详图

下面，我们将通过绘制图 8-9 所示的钢筋混凝土梁的结构详图，来学习绘制钢筋混凝土构件详图的具体步骤及相关知识。

效果：ch08\8-3-r1.dwg
视频：ch08\8-3-r1.exe

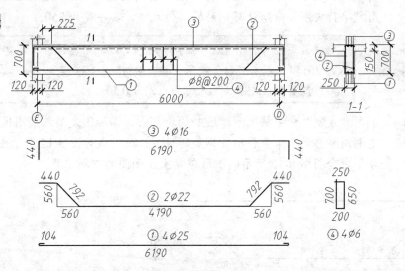

图 8-9 钢筋混凝土梁的结构详图

制作思路

要绘制图 8-9 所示的钢筋混凝土构件详图，可先绘制立面图和断面图中墙体和梁的轮廓线，然后再绘制钢筋详图，接着将所绘制的钢筋详图复制到所需位置，最后标注相关尺寸。

制作步骤

步骤 1 启动 AutoCAD 2011，然后创建以下图层。

名称	颜色	线型	线宽
轴线	红色	Center	默认
墙线	白色	Continuous	默认
虚线	白色	Dashed	默认
梁	白色	Continuous	默认
钢筋	白色	Continuous	0.7
尺寸标注	蓝色	Continuous	默认

步骤 2 参照图 8-10 所示的尺寸，利用"直线"、"偏移"和"镜像"等命令绘制墙体和梁的轮廓线，并将所绘线条置于与之对应的图层上。

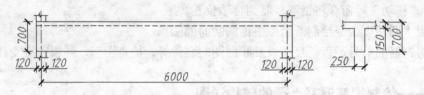

图 8-10　绘制墙体及梁的轮廓线

步骤 3 将"钢筋"图层设置为当前图层，执行"多段线"命令，然后参照图 8-11 中各钢筋的形状及尺寸在绘图区的空白位置处绘制钢筋详图，接着为各钢筋注写编号，并利用"单行文字"命令注写钢筋的其他尺寸，其字高为 250。

　　要注写图 8-11 中各钢筋的编号，既可以利用各种输入法提供的软键盘进行输入，也可以插入本书配套光盘中的"素材"＞"ch08"＞"钢筋编号.dwg"属性块，然后修改其属性文字（插入时的比例为 0.5）。

步骤 4 利用"复制"命令将上步所绘制的钢筋①、②和③复制到绘图区的其他空白处，接着利用"移动"命令移动各钢筋的位置，使其成为图 8-12 所示图形，最后使用"移动"命令将图 8-12 所示的图形移动至立面图的中间位置。

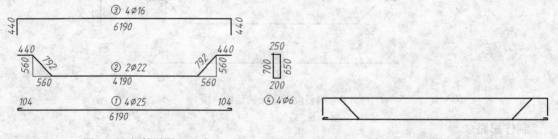

图 8-11　钢筋详图及尺寸　　　　　　　　　　　图 8-12　复制并移动钢筋

步骤 5 利用"复制"命令将钢筋详图中的钢筋④复制到剖面图中，然后利用"修剪"命令修剪该钢筋图形，接着使用"圆环"命令绘制剖面图中的其余钢筋（圆点），最后修剪圆环，结果如图 8-13 所示。

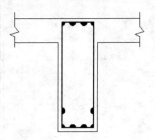

图 8-13 绘制梁的断面图

> 使用"圆环"命令绘制剖面图中的钢筋（圆点）时，其圆环的内径为 0，外径为 35。

步骤 6 将"尺寸标注"图层设置为当前图层，然后设置尺寸标注样式并标注立面图和剖面图中的相关尺寸。尺寸标注样式中，起止符号的大小为 2.5，文字高度为 5，全局比例为 50。

步骤 7 设置多重引线样式，然后参照图 8-9 所示标注图中轴线及钢筋的编号。

项目总结

本项目主要讲解在 AutoCAD 中绘制基础平面图、楼层结构平面图和钢筋混凝土构件详图的步骤，并在任务实施中通过案例进一步讲解了绘制这些图形的具体操作步骤。通过学习本项目，读者还应重点掌握以下内容。

> ➤ 使用 AutoCAD 绘制结构施工图时，当已有该图形的施工平面图时，为了提高绘图效率，可将其中的定位轴线复制到当前的图形对象中，然后在此基础上绘制结构施工图。

> ➤ 在绘制楼层结构平面图中的钢筋时，为了提高绘图效率，可先在绘图区的空白位置绘制出该平面图所包含的所有钢筋并标注编号、直径及中心间距等参数，然后将其复制到所需位置，最后再修改其长度及各参数。

> ➤ 在绘制钢筋混凝土构件详图时，可先绘制各构件的外形轮廓线，然后再绘制钢筋详图，最后将详图中的钢筋复制到所需位置并标注钢筋的编号即可。

项目实训

一、绘制某五层建筑的基础平面图

参照任务一所学知识绘制图 8-14 所示的五层建筑的基础平面图（墙体厚度为 240）。

提示：

先绘制该基础平面图中的定位轴线，然后使用"多线"命令在轴线的两侧绘制基础墙线；使用"偏移"和"拉长"命令绘制外侧基础线；使用"构造线"、"修剪"和"复制"等命令绘制内侧基础线；创建所需文字样式和尺寸标注样式，为图形标注尺寸；最后使用"多重引线"命令标注各轴线编号。

> 为了提高绘图速度，读者可打开本书配套光盘中的"素材" > "ch07" > "7-sx-1.dwg"文件，然后将其中的轴线及多重引线复制到当前文件中，接着在此基础上绘制其余基础线。

效果：ch08\8-sx-1.dwg

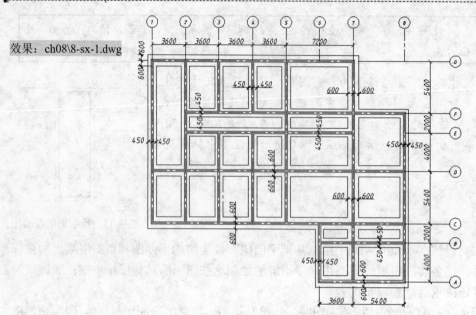

图 8-14   某五层建筑的基础平面图

二、绘制室内楼梯结构平面图

参照任务三所学知识绘制图 8-15 所示的楼梯结构平面图（钢筋的编号可直接调用本书配套光盘中的"素材" > "ch08" > "钢筋编号.dwg"属性块）。

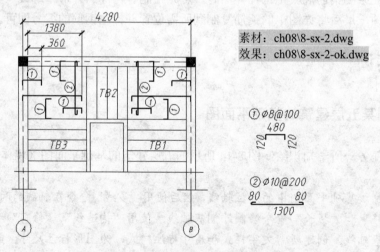

素材：ch08\8-sx-2.dwg
效果：ch08\8-sx-2-ok.dwg

图 8-15   室内楼梯结构平面图

提示：

为了便于读者操作，读者可打开本书配套光盘中的"素材" >ch08> "8-sx-2.dwg"文件，然后绘制图 8-15 右图所示的钢筋详图，接着利用"旋转"、"复制"和"移动"等命令将其复制到楼梯平台的相应位置。